高等院校土建类
“十四五”**新形态**特色教材

◀ 微课视频版 ▶

# 中外建筑简史

## （第3版）

主编　郑朝灿　张献梅　张琳娜

中国水利水电出版社
www.waterpub.com.cn
·北京·

## 内 容 提 要

本书分为西方建筑和中国建筑两篇，共 7 章，内容包括西方古代建筑、西方近代新建筑探索、西方现代主义建筑、西方现代主义之后的建筑、中国古代建筑、中国近代建筑、中国当代建筑。本书在阐述建筑发展脉络和发展规律的同时，详细介绍了不同历史时期的典型建筑，以及当时著名的建筑大师和其代表作品。本书内容翔实、系统性强，书中还配有丰富的数字资源，便于读者随时扫码阅读。

本书可作为高职高专建筑装饰、环境艺术设计、室内设计等其他相关专业的教材，也可供专业人士以及对建筑史感兴趣的读者参考阅读。

**图书在版编目（CIP）数据**

中外建筑简史 : 微课视频版 / 郑朝灿, 张献梅, 张琳娜主编. -- 3版. -- 北京 : 中国水利水电出版社, 2022.1
高等院校土建类“十四五”新形态特色教材
ISBN 978-7-5170-9586-6

Ⅰ. ①中… Ⅱ. ①郑… ②张… ③张… Ⅲ. ①建筑史－世界－高等学校－教材 Ⅳ. ①TU-091

中国版本图书馆CIP数据核字(2021)第086773号

| | |
|---|---|
| 书　　名 | 高等院校土建类“十四五”新形态特色教材<br>**中外建筑简史（第3版）（微课视频版）**<br>ZHONGWAI JIANZHU JIANSHI（WEIKE SHIPINBAN） |
| 作　　者 | 主编　郑朝灿　张献梅　张琳娜 |
| 出版发行 | 中国水利水电出版社<br>（北京市海淀区玉渊潭南路1号D座　100038）<br>网址：www.waterpub.com.cn<br>E-mail：sales@waterpub.com.cn<br>电话：（010）68367658（营销中心） |
| 经　　售 | 北京科水图书销售中心（零售）<br>电话：（010）88383994、63202643、68545874<br>全国各地新华书店和相关出版物销售网点 |
| 排　　版 | 中国水利水电出版社微机排版中心 |
| 印　　刷 | 清淞永业（天津）印刷有限公司 |
| 规　　格 | 210mm×285mm　16开本　11.25印张　326千字 |
| 版　　次 | 2010年3月第1版　2010年3月第1次印刷<br>2022年1月第3版　2022年1月第1次印刷 |
| 印　　数 | 0001—4000册 |
| 定　　价 | 58.00元 |

凡购买我社图书，如有缺页、倒页、脱页的，本社营销中心负责调换

# 编委会


主　编　郑朝灿　张献梅　张琳娜

副主编　郝志刚　刘书芳　任大鹏　张兴刚

李　思　孙诗华　鲁艳蕊

# 前言

学习建筑史的目的在于“析其流源，述其现状，辩其异同，揭其价值，明其地位”。建筑史研究建筑、建筑学发展过程及其演变的规律，研究人类建筑历史上遗留下来具有代表性的建筑实例，并从中了解前人的有益经验，为建筑设计吸取营养。“建筑理论”探讨建筑与经济、社会、政治、文化等因素的相互关系，探讨建筑实践所应遵循的指导思想以及建筑技术和建筑艺术的基本规律。建筑理论与建筑历史两者之间有着密切的关系。

建筑历史内容庞杂，流派多样，为了适应建筑装饰工程技术专业教学，书中选取了各个时期的典型建筑，以及建筑师和其代表作品，并侧重于建筑装饰方面的内容。让学生在把握建筑整体发展脉络的同时，学习建筑个案的设计手法，并对专业学习有所借鉴。

本书内容包括西方建筑和中国建筑两篇：第 1 篇包括第 1 章西方古代建筑，第 2 章西方近代新建筑探索，第 3 章西方现代主义建筑，第 4 章西方现代主义之后的建筑；第 2 篇包括第 5 章中国古代建筑，第 6 章中国近代建筑，第 7 章中国当代建筑。书后面增加了附录介绍了 2020 年之前世界十大超高层建筑。

本书由六所院校合作编写，具体分工如下：第 1 章由河南城建学院刘书芳编写；第 2 章由金华职业技术学院张琳娜、李思编写；第 3 章由大连海洋大学任大鹏编写；第 4 章由山西职业技术学院郝志刚编写；第 5 章由济源职业技术学院张献梅、河南财政金融学院鲁艳蕊编写；第 6 章由金华职业技术学院郑朝灿、孙诗华编写；第 7 章、附录由泰州职业技术学院张兴刚编写。全书由金华职业技术学院郑朝灿、张琳娜负责统稿。

由于时间仓促，书中难免存在不足之处，敬请读者批评指正。

编者

2020 年 1 月

# 目录

# 第1篇 西方建筑

# 第1章　西方古代建筑

课件

西方古代建筑

## 1.1　古埃及建筑

### 1.1.1　概述

微课视频

古埃及建筑

埃及是世界上最古老的国家之一，在这里产生了人类第一批巨大的纪念性建筑物。这些建筑物表面的装饰，如绘画和雕刻，也在一定程度上反映了当时的宗教与社会生活。

埃及气候炎热，能够用于建筑的木材稀少。早期建筑是土、木结构，到了古王国时期，开始发展为用石材修建纪念性建筑物。为了防热，建筑的墙壁和屋顶做得极厚，并有收分，窗洞小而少。

古埃及人善于运用巨石构筑建筑物，建造了一批雄伟壮观的巨石建筑，如陵墓与神庙。这些建筑的柱子和梁等构件一般是由整块的石材雕刻而成。

古埃及建筑主要分三个历史时期：古王国时期（公元前 3200—前 2130 年），主要建筑是在梯形陵墓的基础上发展而成的金字塔；中王国时期（公元前 2130—前 1580 年），主要建筑是峡谷里的陵墓；新王国时期（公元前 1582—前 332 年），主要建筑是太阳神庙。

### 1.1.2　吉萨金字塔群（Giza Pyramid Complex，约公元前 2723—前 2563 年）

吉萨金字塔群位于尼罗河下游的吉萨，主要由胡夫金字塔、哈弗拉金字塔、孟卡拉金字塔及狮身人面像（Great Sphinx）组成，周围还有许多台式陵墓（玛斯塔巴）与小金字塔。

每座大金字塔前都有相对矮小的河谷神庙、堤道、祭殿等附属建筑。从河谷神庙到祭殿，要经过石砌的、密闭的、仅可通过一人的堤道，通过狭窄的堤道，是在广袤的大地上矗立着的吉萨金字塔群（图 1.1.1）。

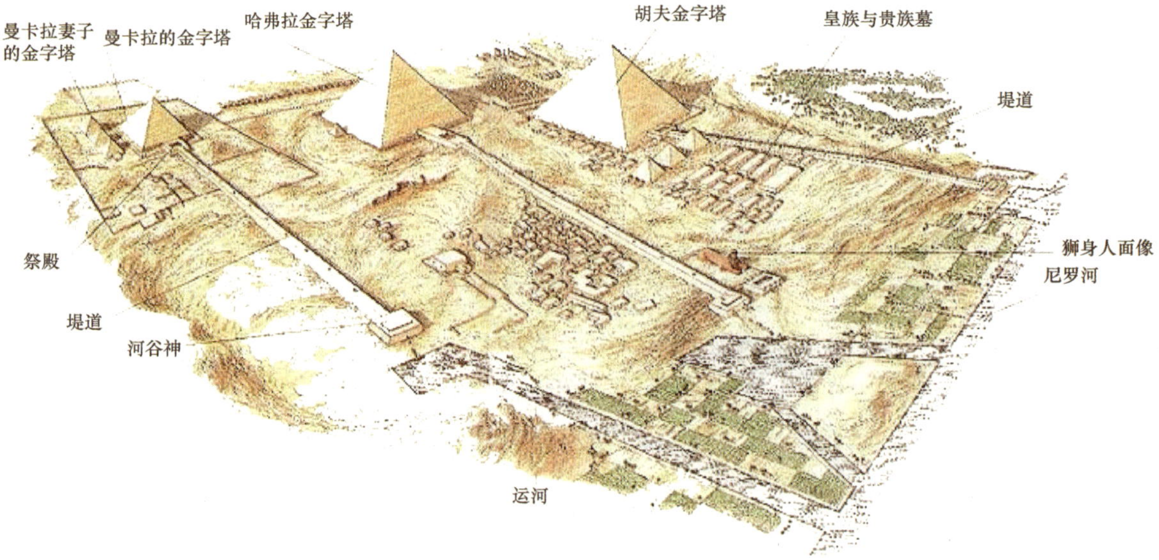


图 1.1.1　吉萨金字塔群总体布局复原图

在吉萨金字塔群中，三座大金字塔四面正向，形成一个完整的群体，屹立在一望无际的黄色沙漠中。最高的胡夫（Kufu）金字塔高 147m，底边长 230m，塔身全部用巨大的黄色石灰石块砌成，外面再贴一层磨光的灰白色石板，内部是狭小的墓室。整个金字塔群的建筑艺术特色主要表现在外部空间的宏大与单纯，以及与自然的协调统一（图 1.1.2）。

图 1.1.2　吉萨金字塔群

## 1.1.3　卡纳克的阿蒙神庙（Karnak Amon Temples，大规模扩建于公元前1530—前323年）

中王国时期，古埃及开始陆续修建一些神庙建筑群，作为对被神化的帝王个人崇拜的场所。这些神庙建筑群布局呈轴线对称，沿着纵深方向布置有牌楼门、内院、层层的神殿及僧侣用房。神庙的围墙高且厚，大门前矗立着方尖碑，还有两排蹲卧着的圣羊石雕像，整个建筑群既有大门前群众性宗教仪式富丽堂皇的氛围，又有大殿内幽暗威压的气氛。

图1.1.3　神庙前的方尖碑

方尖碑是太阳神的标志，一般以整块的花岗岩雕成，重达几百吨，高度不等，最高处可达到50多米，其断面呈正方形，上小下大，顶部为金字塔形，小金字塔上常镀合金。一般修长比为（9 ~ 10）∶1，它的四面均刻有象形文字与装饰图案，具有宗教性、纪念性和装饰性的功能，在新王国时期常被成对地用于神庙前（图1.1.3）。方尖碑后来被运到欧洲，矗立在欧洲的城市广场中。

神庙大门的样式是一对高大的梯形石墙夹着不大的门道，大门前有一对彩色的圆雕像，坐像前左右对称布置锥顶包着金箔的方尖碑。阔大稳定的梯形石墙、浑圆的雕像和瘦削的方尖碑，三者特色鲜明，形成了丰富多变的构图（图1.1.4）。

图1.1.4　古埃及神庙大门复原图

图 1.1.5 大殿内部的现状

卡纳克阿蒙神庙是古埃及神庙建筑群的杰出代表作之一，是在 1000 多年的漫长岁月里陆续建造起来的。神庙总长 366m，宽 110m，前后一共有 6 道大门，其中第一道门最为高大，高 44m，宽 113m。

大殿内部净宽 103m，进深 52m，密排着 134 根石柱。中央两排 12 根柱子高 21m，直径 3.6m，上面架设着 9.2m 长的大梁，重达 65t，其余的柱子高 12.8m，直径 2.7m。柱子的细长比只有 1 ∶ 4.7，柱间净空小于柱径，高大粗壮的柱子处处遮断人的视线，仿佛每根柱子后面还有曲折的空间。光线从高侧窗射入大殿，增强了大殿的神秘感（图 1.1.5）。

在大殿内，地面逐渐升高，顶棚逐渐降低，两侧的墙面逐渐向内收进，使空间越来越小，越来越压抑和神秘。与金字塔相比，卡纳克阿蒙神庙在注重室外空间氛围营造的同时，也采用多种处理手段，加强室内空间气氛的营建。大殿中间高、两侧低的空间形式，是古罗马建筑巴西利卡的范本。

## 1.1.4 阿布辛贝勒大石窟（Abu Simbel Temples，约公元前 1301 年）

阿布辛贝勒大石窟是古埃及石窟建筑中的杰出代表，雕凿在尼罗河西岸的悬崖峭壁上，高 30m，宽 35m，纵深 55m。前面有一平整的入口大平台，正面在悬崖壁上凿出牌楼门，门前有 4 尊 20m 高的拉美西斯二世国王的巨大雕像，大雕像附近还有其他小雕像。

石窟内有前、后两个柱厅，前柱厅里纵向排着 4 对方形的人像柱，再通过一道门便到了后厅，厅里有 4 个方柱，之后便是神堂，总进深 55m。中轴线两侧还有一些狭长的耳室（图 1.1.6），石窟内所有的墙面和天花都布满了彩色的浮雕和壁画。

后因修建阿斯旺水坝而水位涨高，此庙被淹没，1964—1968 年迁至比原址后退 210m、高 65m 的山上（图 1.1.7）。

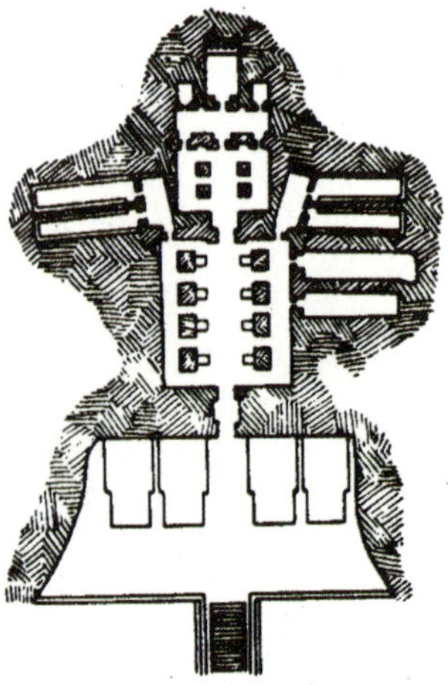

图 1.1.6 阿布辛贝勒大石窟平面图

图 1.1.7 阿布辛贝勒大石窟现状图

# 1.2　古希腊建筑

微课视频

古希腊建筑

古希腊建筑是欧洲建筑的开拓者之一。古希腊早期的建筑是木构架结构，之后用石材代替柱子、檐部，从木构过渡到石梁柱结构。古希腊建筑中的神庙建筑群与神庙建筑体现了古希腊建筑的最高成就，古希腊的神庙形制脱胎于贵族宫殿的正厅，以窄面的三角形山花和柱廊为建筑的立面特征。

## 1.2.1　古希腊的三种柱式

古希腊的庙宇除屋架外，其他部分均用石材建造。柱子、额枋、檐部的艺术处理基本上确定了庙宇的外貌。希腊建筑在长期的推敲改进中，形成了一整套稳定的做法，如特有的柱式。柱式，通常由柱子（包括柱础、柱身、柱头）、檐部（包括额枋、檐壁、檐口）和台基三部分构成，各部分之间均以柱身底部直径为模数形成一定的比例关系。柱式有三种形式，分别起源于意大利西西里一带的多立克柱式、产生于小亚细亚地区的爱奥尼柱式和产生于科林斯地区的科林斯柱式。三种形式各具特色（图 1.2.1），三种柱式的比较见表 1.2.1。

（a）多立克柱式　（b）爱奥尼柱式　（c）科林斯柱式

图 1.2.1　古希腊三种柱式

表 1.2.1　古希腊三种柱式比较

| 比较项 | 多立克柱式 | 爱奥尼柱式 | 科林斯柱式 |
|---|---|---|---|
| 柱础 | 无柱础 | 有柱础 | 有柱础 |
| 柱径、柱高比 | 1 ：（4 ~ 6）<br>比例粗壮 | 1 ：（9 ~ 10）<br>比例修长 | 1 ：10<br>比例修长 |
| 柱身 | 有收分，卷杀较明显；断面为 20 个尖齿凹槽 | 收分不明显，断面为 24 个平齿凹槽 | 收分不明显，断面为 24 个平齿凹槽 |
| 柱头 | 简单的倒圆锥台与方台，粗壮有力 | 两个涡卷，优美典雅 | 毛莨叶饰，纤巧华丽 |
| 檐部 | 高大厚重，1/3 柱高，檐壁由三陇板与陇间壁交替而成 | 较薄，1/4 柱高，檐壁是连续的浅浮雕 | 仿爱奥尼柱式 |
| 整体 | 仿男体，威武雄健 | 仿女体，柔美秀丽 | 借鉴爱奥尼柱式，装饰性更强 |

## 1.2.2 古希腊的雅典卫城（Acropolis，Athens）

在整个古典时期的前一半时间内，古希腊建筑的重点仍然是神庙建筑，庙宇一般只有一间圣厅，平面为长方形，以其窄端为正面。古希腊庙宇的主要平面形式有端墙列柱式、端柱式、围柱式（包括双重围柱式、假围柱式）等（图 1.2.2）。

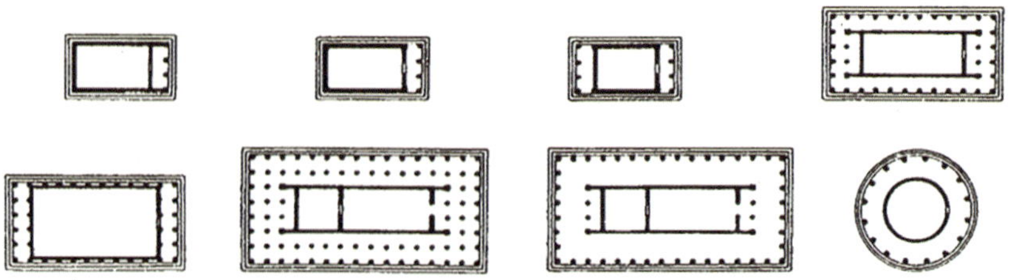

图 1.2.2 古希腊庙宇的主要平面形式

神庙建筑中最杰出的是建于公元前 5 世纪中叶的雅典卫城建筑群。雅典卫城是古典盛期的代表，坐落在雅典城中央一个不大的孤立的山冈上，高于四周平地 70 ~ 80m，东西长约 280m，南北最宽处 130m。根据祭祀活动的路线，照顾山上、山下观赏，建筑群的布局自由活泼，高低错落，建筑物安排顺应地势。卫城的中心是手持长矛，身披戎装，高达 9m 的雅典娜铜像（原迹已毁），是整个建筑群的视觉中心。

现存的主要建筑有卫城山门、帕特农神庙、厄瑞克提翁神庙、胜利女神庙等（图 1.2.3、图 1.2.4）。

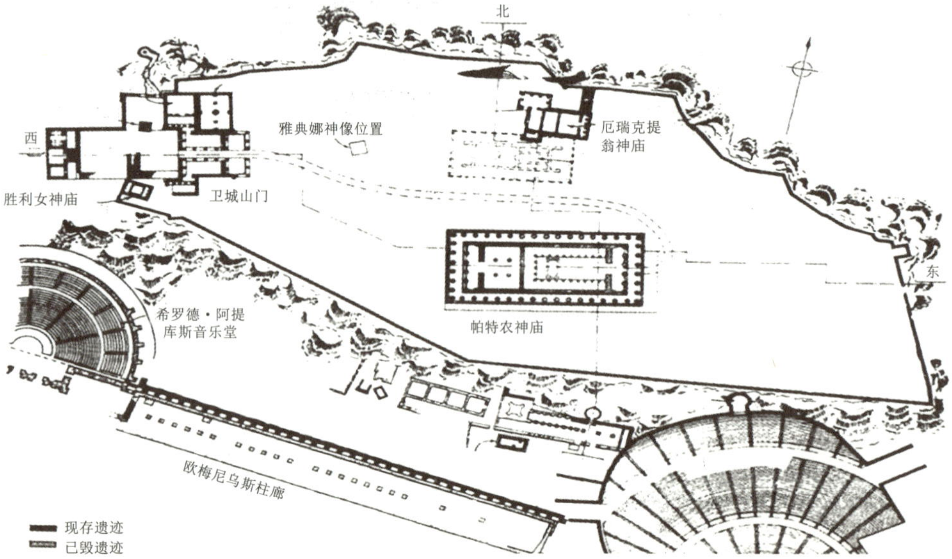


图 1.2.3 雅典卫城总平面图

图 1.2.4 雅典卫城复原透视图

### 1.2.2.1 雅典卫城的山门（Propylea，Athens，建于公元前437—前432年）

山门位于卫城西端陡坡上，是卫城的入口，为不对称形式，很好地适应了原有的地形地势。主体建筑采用多立克式，五开间，中间一间宽，设坡道，其余开间是台阶。大门内外都有6根柱子的门廊，柱子底径为1.6m，屋顶随地势分为外低内高的两段处理。

门道内部沿中央坡道两侧各有3根爱奥尼柱式，使得内部空间开敞。北翼是展览室，南翼是敞廊。两翼体量较小，使山门更加壮观（图1.2.5）。

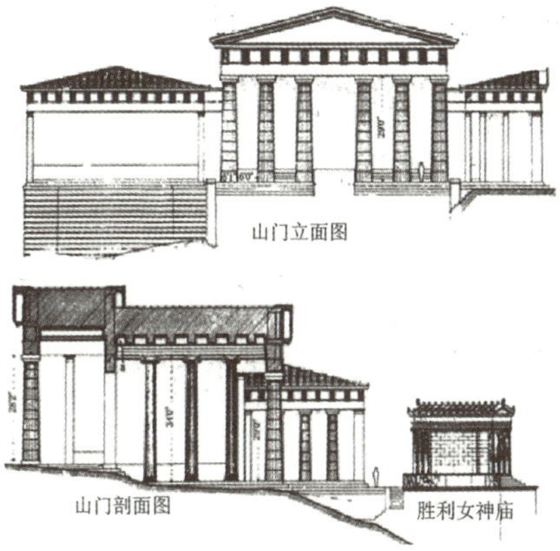


图1.2.5 山门立面图与剖面图

### 1.2.2.2 帕特农神庙（Parthenon，公元前447—前438年）

帕特农神庙（又称雅典娜神庙），是雅典卫城内的主体建筑，代表着古希腊多立克柱式的最高成就，比例匀称，显得风格刚劲雄健。其建在一个三级台基上，除两坡屋顶用木架外，全部用大理石砌成，还用了大量镀金饰件（图1.2.6）。

图1.2.6 帕特农神庙现状图

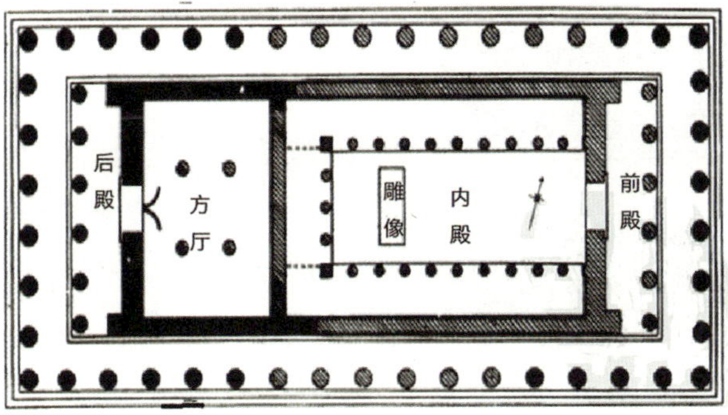


图1.2.7 帕特农神庙的平面图

神庙平面呈长方形，基座长69.5m、宽30.9m，外部围廊由46根高10.4m、底径1.9m的大理石柱环绕组成，是古典的围廊式建筑的杰出代表。神庙的内部分成两个大厅，正厅又称东厅，内有双层叠柱式的三面回廊，加强了置放神像的空间中央轴线感（图1.2.7）。

神庙的主入口朝东，立面是多立克柱式，8 根柱子支撑着三角形山花。立面的细部处理十分精巧，为了使建筑物显得更庄重，除了加粗角柱，缩小角开间外，所有柱子都略向中央倾斜。额枋和台基上沿都呈中央隆起的曲线，墙垣内壁垂直而外壁微向内倾，这些精致细微的处理使庙宇更加稳定而富有生气。见图 1.2.8 帕特农神庙东立面。

图 1.2.8　帕特农神庙东立面

### 1.2.2.3　厄瑞克提翁神庙（Erechtheion，公元前 421—前 405 年）

厄瑞克提翁神庙是古典盛期爱奥尼柱式的代表，建在北低南高的断坎上，由三个小神殿、两个门廊和一个女像柱廊组成，布局自由，体形复杂，但构图完整均衡（图 1.2.9）。

神庙的 4 个立面各不相同，西面主体立于断坎上，是带有 4 根爱奥尼壁柱的墙；北面西端是三间凸出的 6 根爱奥尼柱式外廊，东端是实墙；东面是五间 6 根爱奥尼柱式的门廊；南面东端是实墙，西端是立于高台上的 6 根女郎柱廊（图 1.2.10）。

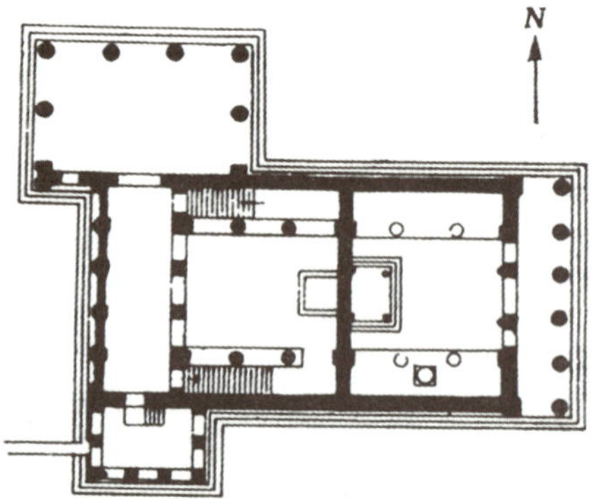


图 1.2.9　厄瑞克提翁神庙平面图

厄瑞克提翁神庙小巧活泼的形象，与帕特农神庙的端庄雄伟相互衬托，使彼此在对比中达到了更高的美学境界。希腊古典建筑除神庙外，还有露天剧场、竞技场、广场和敞廊等公共建筑。古希腊建筑以完美的柱式，造就了古希腊神庙艺术的最高代表——雅典卫城，奠定了其在欧洲建筑史中的光辉地位。

图 1.2.10　厄瑞克提翁神庙现状图

古希腊的建筑风格被古罗马所继承，之后西方建筑对古希腊的柱式、神庙建筑等形制的模仿成为潮流。现代建筑师对希腊建筑的兴趣已经超出了形制表面的模仿，更以古希腊建筑存在的内在美学逻辑为研究对象。

# 1.3　古罗马建筑

微课视频

古罗马建筑

公元 1—3 世纪是古罗马帝国最强大的时期，也是建筑最繁荣的时期，重大的建筑活动遍及帝国各地，不列颠、高卢、巴尔干、小亚细亚、西亚、西班牙、北非等都有设计水平很高的城市建设和大型建筑。当然，最重要的建筑集中在帝都罗马城。

奥古斯都时代的军事工程师维特鲁威编写的《建筑十书》奠定了欧洲建筑科学的基本体系，对后世建筑学科的发展有着深远的影响。

## 1.3.1　古罗马建筑的成就与技术

### 1.3.1.1　建筑成就

古罗马建筑直接继承并大大推进了古希腊建筑成就，开拓了新的建筑领域，公共建筑类型增多，如古罗马常见的神庙、竞技场、剧场、浴场、巴西利卡（长方形会堂）、公路、桥梁、城市街道与广场、凯旋门、纪功柱等建筑。这些建筑对之后欧洲的建筑，产生了巨大的影响。

### 1.3.1.2　建筑技术

古罗马建筑的材料除砖、木、石外，还大量使用由火山灰制成的天然混凝土，并发明了拱券技术和相应的支模及大理石饰面技术。

结构方面，古罗马建筑在伊特鲁里亚拱券和希腊建筑柱式的基础上，发展了梁柱与拱券结构结合的技术。拱券结构是罗马建筑最大的成就之一，有一整套复杂的拱顶体系，大概分为筒形拱和交叉拱两类，图 1.3.1 中（b）和（d）相交的两拱跨度相同，故也称“十字拱”，并创造罗马建筑的平面布局、空间组合、艺术形式都与拱券结构技术和复杂的拱顶体系密不可分（图 1.3.1）。

### 1.3.1.3　建筑艺术

古罗马建筑在继承了古希腊的三种柱式的基础上，后经发展成为五种柱式：塔司干柱式、罗马多立克柱式、罗马爱奥尼柱式、罗马科林斯柱式、罗马混合柱式。这些柱式又与罗马的拱券结构相结合，形成了券柱式、叠柱式、巨柱式、连续券等多种形式的结构体系（图 1.3.2）。

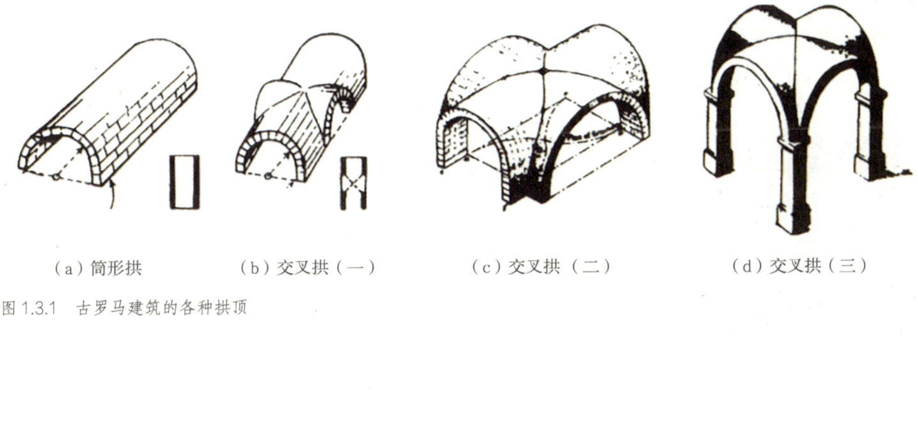

（a）筒形拱　（b）交叉拱（一）　（c）交叉拱（二）　（d）交叉拱（三）

图 1.3.1　古罗马建筑的各种拱顶

图 1.3.2　罗马券柱式

1.3.1.4 建筑空间创造

古罗马利用筒形拱、交叉拱、十字拱、穹隆和拱券平衡技术，创造出拱券或穹隆覆盖的单一空间、单向纵深空间、序列式组合空间等多种建筑空间形式。

## 1.3.2 罗马五柱式

古罗马改进了古希腊的三种柱式，并发展成五种柱式：罗马科林斯柱式、罗马多立克柱式、罗马爱奥尼柱式、罗马混合柱式和塔司干柱式（图 1.3.3）。

（a）罗马科林斯柱式 （b）罗马多立克柱式 （c）罗马爱奥尼柱式 （d）罗马混合柱式 （e）塔司干柱式

图 1.3.3 罗马五柱式

为了与拱券结构所创造的大体量建筑在艺术形式上有着完美的结合，罗马柱式增加了基座，径高比加大，使柱身更加修长，增加了线脚，形式趋于华丽细致。塔斯干柱式径高比 1 ∶ 7，柱身无凹槽；多立克柱式径高比 1 ∶ 8，增加了柱础，线脚趋于复杂；爱奥尼柱式径高比 1 ∶ 9，线脚趋于细致、复杂，卷涡线型稍显单薄；混合柱式在科林斯柱式的柱头上又加上爱奥尼式的卷涡。

## 1.3.3 罗马万神庙（Roman Pantheon，120—124 年）

罗马城的万神庙是单一空间、集中式构图建筑物的代表，也是罗马穹顶技术的最高代表。在现代结构出现以前，它一直是世界上跨度最大的大空间建筑。万神庙平面呈圆形，上面覆盖的穹顶直径达 43.3m，顶端高度也是 43.3m，中央开一个直径 8.9m 的圆洞作为神庙内部的采光口（图 1.3.4）。

图 1.3.4 罗马万神庙内部

穹顶先用砖沿球面砌几个大发券，再浇筑混凝土。为了减轻自重，穹顶越往上越薄，在穹顶内面还做了 5 圈深深的凹格，既减轻了自重，又增加了室内空间的美感。

穹顶下的墙体厚 6.2m，墙体内沿圆周发 8 个大券，其中 7 个下面是壁龛，1 个是大门。外墙面在竖直方向上划分为 3 层，下层贴白大理石，上两层抹灰。内部墙面，下层贴 15cm 厚的大理石板，以上抹灰。室内地面也用各色大理石铺成图案。

万神庙内部穹顶上划分的凹格，使穹顶的尺度和墙面统一，五圈凹格也形成水平的环，给人以安定感。凹格四周构图连续，不分前后主次，又加强了空间的整体感；墙面的划

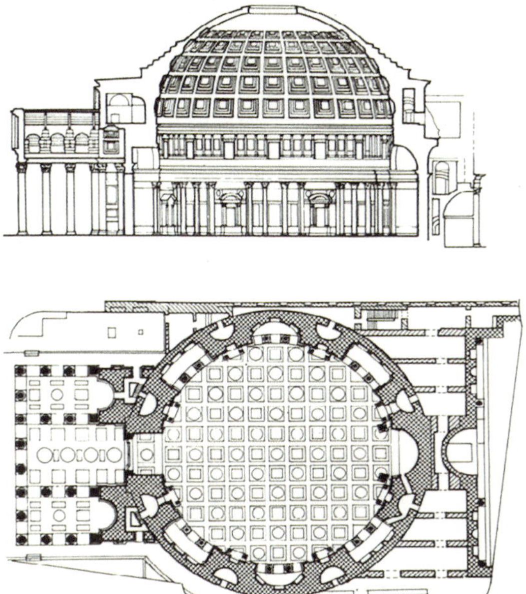

图 1.3.5　罗马万神庙剖面图与平面图

图 1.3.6　罗马万神庙主立面

分、地面的图案、壁柱的装饰和壁龛，都是正常尺度，所以建筑空间虽大，却不使人感到压抑。地面中央略凸，向边缘逐渐低下，形成一个弧面，既满足了排水需要，又获得了很好的视觉纠错效果（图 1.3.5）。

万神庙的入口是 7 开间、3 间进深的门廊，主立面是源自古希腊神庙的三角形山花，由 8 根罗马科林斯柱式支撑。门廊与山花遮挡了穹顶，此时的穹顶只是为了营造室内空间，而不作为立面构图的主要元素（图 1.3.6）。

## 1.3.4　罗马角斗场（Roman Arena or Colosseum，72—80 年）

角斗场源于共和时期，遍布罗马的各个城市，专门为野蛮的奴隶主和游民们观看奴隶与猛兽的决斗而造。从功能、规模、技术和艺术风格等各方面来看，罗马城里的大角斗场是古罗马建筑的杰出代表作之一。

大角斗场的立面分为 4 层，1 至 3 层为连续的券柱式拱廊。大角斗场由下而上的柱式依次为塔斯干式、爱奥尼式、科林斯式，及科林斯式壁柱实墙，是利用叠柱式横向分隔立面的典型实例（图 1.3.7）。

图 1.3.7　罗马大角斗场的外立面

图 1.3.8　大角斗场剖面图

大角斗场平面为椭圆形，长轴 188m，短轴 156m，中央的“表演区”长轴 86m，短轴 55m。观众席约有 60 排座位，逐排升起，总升起坡度接近 62%，观览条件很好，分为五区，可容纳5万～8万人。

大角斗场结构虽复杂，但被处理得井井有条，由环形的筒形拱与径向放射的筒形拱纵横交叉，上下叠加而成。整个庞大的观众席就架在这些环形和放射形的拱体上（图 1.3.8）。

大角斗场的观众聚散都被安排得很妥帖，80 个出入口都有编号，楼梯在放射形的墙垣之间，观众可以根据自己的座位编号，从对应的出入口和楼梯到达观众席的各层各区，人流不相混杂。罗马角斗场的结构、功能和形式三者和谐统一，形制完善，是后世体育建筑形制的范本。

## 1.4　拜占庭建筑

### 1.4.1　概述

公元 395 年，罗马帝国分裂为东、西两部分。西罗马帝国很快灭亡，东罗马帝国持续很长时期，直到 15 世纪灭亡，被称为拜占庭帝国。公元 5—6 世纪，是拜占庭帝国最强盛的时期，建造了一系列庞大的纪念性建筑物。这些建筑在继承古罗马建筑技术的基础上，汲取了古代两河流域的建筑文化，形成了独特的建筑体系——拜占庭建筑。

#### 1.4.1.1　拜占庭建筑的结构特点

拜占庭建筑的主要成就是创造了帆拱，可以把穹顶支承在 4 个或者更多的独立支柱上。帆拱可以理解为，1 个半球穹顶，在 4 个正面被垂直切割，并在上面被一个水平面切割，剩余在四个角上的球面三角形部分，称为帆拱。

在上面的圆形切口上可以立穹顶或圆柱形的鼓座。帆拱、鼓座、穹顶相结合的做法，解决了由独立支柱支撑，在方形或其他多边形平面上使用穹顶的结构问题，摆脱了厚重的墙体，使室内空间更加通透明亮（图 1.4.1）。

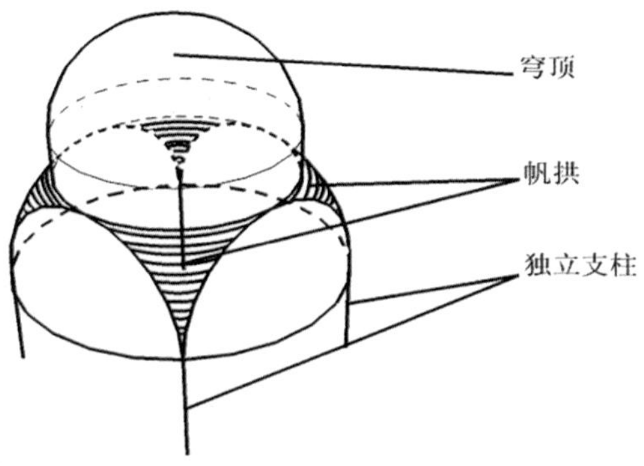


图 1.4.1　帆拱示意图

#### 1.4.1.2　拜占庭建筑特点

拜占庭建筑的平面形式为中央圆穹顶的集中式，中央的穹顶和四面的筒形拱成等臂的十字，称为希腊十字式。以穹顶为中心，还有四臂与侧廊，室内空间既集中又丰富多变。帆拱之间的填充墙上可任意开窗，加上穹顶下的窗子使室内光线充足明亮。

微课视频

拜占庭建筑

#### 1.4.1.3　拜占庭的装饰艺术

（1）室内平整的墙面上贴彩色大理石板，拱券和穹顶表面用马赛克或粉画。马赛克壁画是用半透明的小块彩色玻璃镶嵌而成的。为了保持大面积的色调统一，在拱顶和穹顶上先铺一层底色，再贴玻璃马赛克，在墙面抹灰层上作粉画，在灰浆将干未干时绘制，使得色彩圆润持久。

（2）发券、拱脚、穹顶底脚、柱头、檐口和其他承重或转折的部位用石头砌筑，并在上面做雕刻装饰。雕刻的手法是：保持构件原来的几何形状，用镂空和三角形截面的凹槽来形成图案。室内各种装饰的题材以几何图案或程式化的植物为主。

拜占庭教堂室内富丽精致的满装做法，对后来的伊斯兰建筑影响较大。教堂的外观很朴素，大多用红砖或两种颜色的砖砌成交替的水平条纹，再掺一些简单的石质线脚。

### 1.4.2　圣索菲亚大教堂（Santa Sophia，532—537 年）

拜占庭建筑最光辉的代表是首都君士坦丁堡的圣索菲亚大教堂，由查士丁尼大帝兴建，是皇帝举行重要仪典的场所。圣索菲亚大教堂采用接近正方形的集中式平面形制，东西长 77m，南北长 72m（图 1.4.2）。

图 1.4.2　圣索菲亚大教堂

#### 1.4.2.1 结构

圣索菲亚教堂正中是直径 32.6m、高 15m 的穹顶，通过帆拱架在 4 个 7.6m 宽的方形墩子上。中央穹顶的侧推力在东西两面由半个穹顶扣在大券上抵挡，它们的侧推力又各由斜角上两个更小的半穹顶和东西两端的各两个墩子抵挡。这两个小半穹顶的力又传到两侧更矮的拱顶上去。中央穹顶的南北方向则以 18.3m 深的四片墙抵住侧推力。这套结构的关系明确，层次井然，很好地消解了大穹顶的侧推力（图 1.4.3）。

#### 1.4.2.2 内部空间

圣索菲亚教堂的内部空间形成既集中统一又曲折多变。教堂中央穹顶下的空间与南北两侧是明确隔开的，与东西两侧相通。这部分平面空间长 68.6m，宽 32.6m，穹顶的中心高 55m，比古罗马的万神庙更加高敞宽阔。东西两侧逐个缩小的半穹顶造成了步步扩大的空间层次，但又有明确的向心性，突出了中央穹顶的统率地位。南北两侧的空间透过柱廊同中央部分相通。

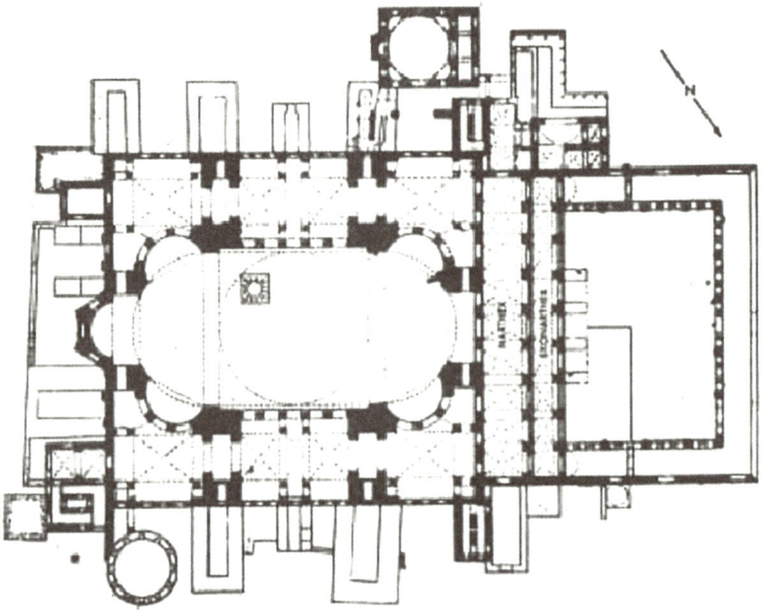

图 1.4.3 圣索菲亚大教堂平面图

穹顶底部的每两个肋之间都有窗子，一共 40 个，它们是内部的主要光源。这圈窗子使穹顶显得非常轻盈，宛如飘浮在空中（图 1.4.4）。

#### 1.4.2.3 灿烂的色彩

圣索菲亚大教堂内部装饰灿烂夺目。墩子和墙面采用彩色大理石组成的图案贴面，柱子大多是深绿色的，少数是深红色的，柱头一律用白色大理石，镶着金箔，柱头、柱础、柱身的交界线都有包金的铜箍。穹顶和拱顶全部用玻璃马赛克装饰，大部分是金色底子的，少量是蓝色底子的。地面采用大理石拼贴图案。

图 1.4.4 圣索菲亚大教堂的内部空间

拜占庭建筑继承了古西亚的砖石拱券、古希腊的柱式和古罗马的宏大规模，在创新中形成了独特的风格，对欧洲建筑与伊斯兰建筑产生了较大的影响。

# 1.5　伊斯兰建筑

微课视频

伊斯兰建筑

## 1.5.1　伊斯兰建筑的特点

伊斯兰国家创造了独特的建筑体系，并达到了很高的艺术水平，为世界建筑史谱写了绚丽的篇章。伊斯兰建筑的穹顶技术、形式多样的叠涩拱券、彩色玻璃砖镶嵌与高耸的邦克楼等建筑处理方式，可追溯到古代西亚。同时，拜占庭建筑的庞大规模、印度的弓形尖券和精细的雕刻又大大地丰富了它，使它成为综合东西方文化的独特建筑体系。

## 1.5.2　阿尔罕布拉宫（Alhambra，13—14 世纪）

西班牙格兰纳达的阿尔罕布拉宫是伊斯兰世界中保存较好的一座宫殿。阿尔罕布拉宫意思是“红宫”，因为它有一圈 3500m 长的红石围墙蜿蜒于浓荫之中，沿墙耸立起十几座高高低低的方塔。宫殿偏于北面，以两个互相垂直的长方形院子为中心。南北向的称为柘榴院（36m × 32m），以举行朝觐仪式为主，比较肃穆。东西向的称为狮子院（28m × 16m），比较奢华，是后妃们居住的地方。

柘榴院两侧的墙不高，表面平洁，南北两端各有 7 间纤细的券廊，北端券廊的后面就是正殿。正殿连墙厚在内大约 18m，高也是 18m，沉重地耸立在纤细的券廊背后，更突出了券廊的轻快。院子中央的一长条水池，晶莹澄澈，倒影清晰，使院子显得更加柔和明亮（图 1.5.1）。

图 1.5.1　阿尔罕布拉宫的柘榴院

狮子院有一圈柱廊，共 124 根纤细的柱子，它们或一根、或成双、或三根一组地排列着，不是很规则，柱子上立着雕刻的精巧华丽的马蹄形券，柱廊在东西两端各形成一个凸出的抱厦。院子的北侧是后妃卧室，后面有一个小花园。从山上引来的泉水分成几路，淙淙流经各个卧室，降低炎夏的蒸热。院子的纵横轴线上都有水渠，相交处开辟圆形水池，池周雕着 12 头雄狮，院子由此得名（图 1.5.2）。

图 1.5.2　阿尔罕布拉宫的狮子院

水池四面的 4 段水渠，分别象征着水河、乳河、酒河、蜜河。这 4 条河是《古兰经》里应许给虔诚的信徒们在天堂里的“生命之源”。这样的十字形水渠被广泛地用于伊斯兰风格的花园里。

## 1.5.3 泰姬陵（Taj Mahal，1632—1647 年）

泰姬陵是伊斯兰建筑的杰出代表作之一，是印度莫卧儿王朝国王沙杰罕为其爱妃建造的陵墓，也是世界建筑史中最美丽的作品之一。

### 1.5.3.1 建筑特点

陵园基地为长方形，有两重院子，中轴线上有两道门。第一道门不大，进门是横向的院子。第二道门很高大，平面是矩形的，中央有穹顶，四角还有塔和小穹顶。穿过门道，是泰姬陵及其前面的大花园。大花园被十字形的水渠等分为 4 个，水渠交叉处有喷水池，周围是茂盛的常绿树（图 1.5.3）。

泰姬陵坐落在 96m 见方、5.5m 高的白色大理石台基上，台基四角耸立着 40.6m 高的圆塔。陵墓主体是抹去四角的每边长为 56.7m 的正方形，中央穹顶的直径为 17.7m。在这个穹顶之上，一段不高的鼓座举起一个轮廓饱满的葱头形状外壳的穹顶，它的顶端高于台基大约 61m（图 1.5.4、图 1.5.5）。泰姬陵的细部装饰很精致，大都是各色大理石镶嵌而成的，并在重点地方镶宝石。窗棂和大厅里的屏风采用大片透雕的薄大理石板，玲珑剔透。

### 1.5.3.2 建筑成就

泰姬陵的成就体现在两个方面：首先在于建筑群总体布局的完美。陵墓是唯一的构图中心且居于中轴线的末端，前面开阔的草地和十字形的水渠使得观赏角度良好。建筑群的色彩沉静明丽，湛蓝的天空下，草色青青托着晶莹洁白的陵墓和高塔，两侧赭红色的附

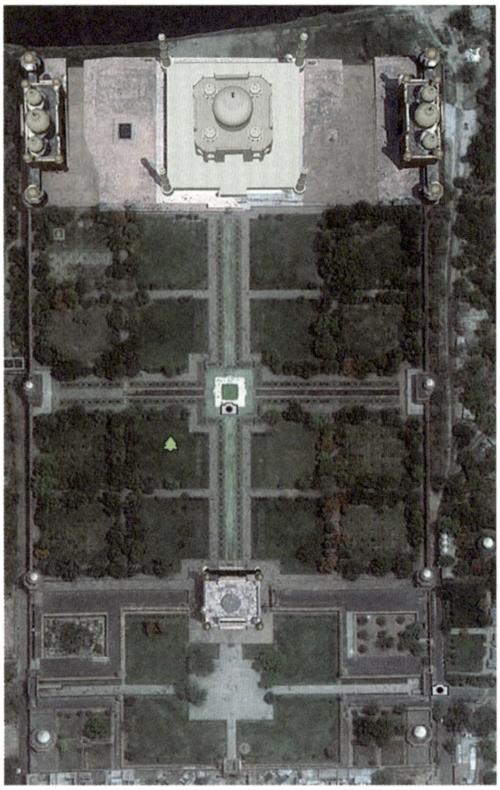

图 1.5.3 泰姬陵总平面图

图 1.5.4 泰姬陵外观

图 1.5.5 泰姬陵剖面

属建筑物把陵墓映照得如冰如雪。其次是创造了陵墓本身肃穆而又明朗的形象。台基宽阔，和主体建筑大致构成一个直角方锥形，但四角的圆塔又使它轮廓空灵，与天空互相穿插渗透。它各部分的几何形状明确清楚，虚实变化肯定，且比例和谐。

# 1.6　罗马风建筑

微课视频

罗马风建筑

公元 9 世纪后，经历三百年混战的西欧开始安定下来，形成了十几个民族国家，西欧正式进入了封建社会。这时的建筑除天主教堂外，还有封建城堡和教会修道院。

西方的基督教合法后，教会依照古罗马时期长方形会堂巴西利卡的样子建造教堂，并规定圣坛必须在东端，大门朝西，然后在祭坛前增建了一道横向的空间，形成了拉丁十字式。由于拉丁十字象征着基督受难，适宜于宗教仪式的需要，所以天主教一直把它当做最正统的教堂形制。

## 1.6.1　罗马风建筑的结构特点

这个时期教堂的建筑材料主要拆自古罗马建筑废墟，技术上继承了罗马传统的半圆形拱券结构，形式上颇具古罗马建筑的遗风，故称“罗马风”建筑。罗马风建筑继承了古罗马的半圆形拱券结构技术，同时为了抗衡筒拱的侧推力，创造了扶壁、骨架拱、束柱等结构形式。但罗马风建筑在外观上，还没有摆脱墙体承重的结构形式，因此外观稍显厚重与沉闷（图 1.6.1）。

图 1.6.1　罗马风建筑

## 1.6.2　意大利比萨大教堂（Pisa Cathedral，11—12 世纪）

中世纪时期，意大利的许多城市是当时欧洲经济最发达的城市，建立了最早的城市共和国。城市中的市政厅、商场、府邸占据着主导地位，教堂几乎都为纪念历史事件而建，这些建筑既吸收外来文化，又发扬传统，因而特色鲜明，建筑水平很高，比萨大教堂的建筑群是这些建筑的杰出代表。

比萨主教堂建筑群主要由主教堂、钟塔、洗礼堂三座建筑组成，它们都由白色和暗红色大理石相间砌成，都用了罗马风式的空券廊和浮雕式的连续券，三座建筑形体各异、变化丰富、整体和谐。在周围碧绿草地的映衬下，显得色彩明亮，给人以亲切生动之感，没有宗教的神秘感（图 1.6.2）。

图 1.6.2　比萨大教堂建筑群

图 1.6.3　比萨主教堂西立面

### 1.6.2.1　主教堂

主教堂平面呈长拉丁十字形，长 95m，纵向四排 68 根科林斯式圆柱。纵深的中厅与宽阔的耳厅相交处被一椭圆形拱顶所覆盖，中厅用轻巧的列柱支撑着木架结构的屋顶，侧廊是十字拱。西立面上面是四层空券廊，下面是 7 间壁柱加半圆券的造型，中间与两侧的隔间设有大门。侧面以墙面为主，开有少量的窗子。墙面装饰有壁柱和半圆券，券内套有菱形凹格，是典型罗马风建筑（图 1.6.3）。

### 1.6.2.2　钟塔与洗礼堂

钟塔为圆形平面，直径 16m，共 8 层，高 55m，底层是浮雕式的连续券，中间 6 层是罗曼式的空券廊，顶层收缩。因地基的不均匀沉降，使其向一侧稍有倾斜，故俗称“比萨斜塔”（图 1.6.4）。

图 1.6.4　比萨主教堂的钟塔

洗礼堂平面呈圆形，直径 35m，共 3 层，上有穹顶与采光亭，高 54m。底层是浮雕式的连续券，上面两层是空券廊，并有一些哥特式的细部装饰。

微课视频

哥特式建筑

# 1.7 哥特式建筑

12 世纪下半叶，法兰西、德意志、意大利等国封建领主的势力渐衰，借着工商业的发达和城市的繁荣，市民阶层终于摆脱了封建领主的束缚，获得自治权，这使类似行会组织的专业匠人们有了从事教堂建筑与装饰的权利。都市里除了规模宏大的教堂外，还有市政建筑与钟楼等公共建筑。

哥特式建筑在继承罗马风建筑的基础上，又有了很大的创新，形成了自己独特的风格特点，在建筑工程技术和装饰手法上都取得了很大的成就。

## 1.7.1 哥特式建筑的结构特点

哥特式建筑创建了框架式双圆心的尖骨架券结构体系，填充维护部分减薄到 25 ~ 30cm，使拱顶重量减轻，材料节省，侧推力也小了许多。尖骨架券使各种形状复杂的平面都可以用拱顶覆盖，祭坛外环廊和小礼拜室的拱顶技术困难迎刃而解。使用双圆心的尖拱、尖券，侧推力较小，有利于减轻结构，也可以使不同跨度的拱高度一样，空间布局更加自由灵活（图 1.7.1）。

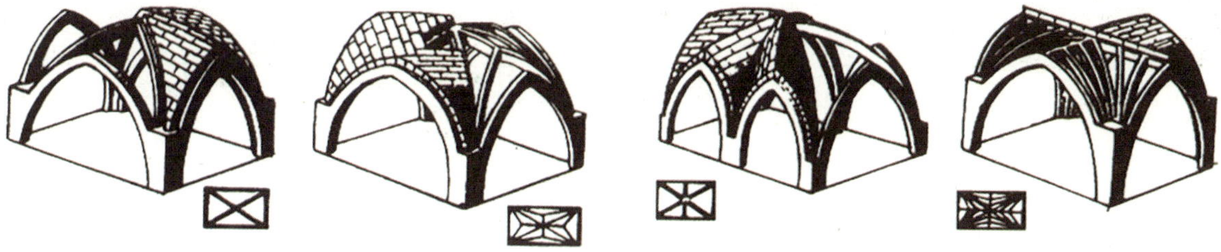

（a）四分肋骨拱　（b）尖顶星形肋骨拱　（c）尖顶六分肋骨拱　（d）尖顶星形肋骨拱

图 1.7.1　哥特式建筑的尖骨架券

哥特式建筑在罗马风建筑扶壁的基础上，发明了独立的飞扶壁，在中厅十字拱的起脚处抵住其侧推力，和骨架券共同组成框架式结构。中厅的骨架券把拱顶荷载集中到每间十字拱的四角，因而可以从扶壁发出飞券越过侧廊上方，抵住中厅骨架券的侧推力。这样可降低侧廊的高度，使中厅可以开很大的侧高窗，而且侧廊外墙也因为卸去荷载而窗子大开（图 1.7.2、图 1.7.3）。

图 1.7.2　哥特式教堂的横剖面示意图

图 1.7.3　哥特式教堂的飞扶壁

## 1.7.2 哥特式教堂的内部特点

哥特式教堂的形制基本是拉丁十字，中厅一般不宽但很长，两侧支柱的间距不大，形成自入口导向祭坛的强烈动势；中厅高度很高，两侧束柱柱头弱化消退，支柱与骨架券之间的界线很弱，垂直线控制室内划分，尖尖的拱券在拱顶处相交，如同自地下生长出来的挺拔枝杆，形成很强的向上升腾的动势。向前与向上的两个动势体现对神的崇敬和对天国向往的暗示（图 1.7.4、图 1.7.5）。

图 1.7.4 哥特式教堂中厅

图 1.7.5 仰视哥特式教堂中厅

## 1.7.3 哥特式建筑的装饰特点

哥特式教堂几乎没有墙面，而且窗子很大，占满整个开间，整个窗子用彩色玻璃镶嵌一幅幅以《新约》故事为内容的图画。彩色玻璃窗的做法是，石制窗框与窗棂，再用工字型截面的铅条在格子里盘成图画，彩色玻璃就镶在铅条之间。在大门上方的玫瑰窗是哥特式建筑最具有装饰性的窗子，圆形窗内呈放射状的石构架，构架内镶嵌着美丽的彩绘玻璃（图 1.7.6）。

## 1.7.4 巴黎圣母院（Notre Dame de Paris，1163—1235 年）

巴黎圣母院坐落在位于塞纳河中心的西岱岛上，是一座早期的哥特式教堂，它的建成标志着哥特式建筑的成熟，影响了法国其他城市及欧洲其他地区城市教堂的修建。

图 1.7.6 哥特式教堂的玫瑰窗

巴黎圣母院的平面为拉丁十字式，在纵横厅交汇处的上方有一个高达百米的尖塔。所有的柱子都挺拔而修长，与上部尖尖的拱券连成一气。中厅宽度只有 12.5m，长度却有 127m，高 32.5m，形成了一个狭长陡峻的中厅空间。教堂的内部，无数的垂直线条引人仰望，数十米高的拱顶在斑斓的光线下隐隐约约、闪闪烁烁，似乎上面就是天堂（图 1.7.7）。

从外面仰望教堂，那高峻的形体加上顶部耸立的钟塔和尖塔，使人感到一种向蓝天升腾的雄姿。圣母院坐东朝西，西立面是主立面，有着典型的纵三段横三段的构图特点。一对钟塔夹着中厅的山墙，垂直地分为三部分。山墙檐头上的栏杆、大门洞上一长列安置着雕像的龛，把三部分横向联系起来；中间是圆形的玫瑰窗，象征天堂。3 座门洞外宽内窄，有层层内收的线脚和成串的圣像装饰（图 1.7.8、图 1.7.9）。

图 1.7.7 巴黎圣母院室内中厅

图 1.7.8 巴黎圣母院的南面

图 1.7.9 巴黎圣母院西立面

# 1.8 意大利文艺复兴时期的建筑

## 1.8.1 文艺复兴时期建筑的特征

微课视频

意大利文艺复兴建筑

14 世纪，欧洲的资本主义率先在意大利萌芽，15 世纪后遍及欧洲大多数地区。文艺复兴建筑的风格特征，抛弃中世纪的哥特式建筑风格，认为哥特式建筑是基督教神权统治的象征。文艺复兴建筑以人文主义为基本观念，采用古希腊、古罗马建筑的构图要素，以严谨的古典柱式、半圆形券、厚墙、水平厚檐等为基本要素，重新控制建筑的布局和构图，在建筑轮廓上讲究整齐统一与条理性。

意大利文艺复兴建筑在建筑形制、空间组合、建筑艺术形式和手法上都有所创新，结构和施工也有了很大的进步，涌现了很多有教养、有创新精神的建筑师，造就了西欧建筑史上新的高峰，也为以后的建筑发展开辟了广阔的道路。

文艺复兴时期，建筑在理论方面也取得了很大的成就，不仅维特鲁威的《建筑十书》被重新整理，还有很多新的著作相继问世，如阿尔伯蒂的《论建筑》、维尼奥拉的《建筑五柱式》、帕拉蒂奥的《建筑四书》等。

这一时期的建筑类型更加丰富，在意大利中部和北部经济繁荣的城市里，市政厅、学校、市场、育婴堂等公共建筑发展起来，成为城市中心广场上的主要建筑物。这类建筑物明朗轻快，有亲切感。

## 1.8.2 文艺复兴时期的穹顶建筑

文艺复兴时期，被教会视为异教建筑象征的穹顶，又被广泛采用并发展完善。穹顶结构更加轻盈，是集中式建筑的主要构图元素。这时期先后完成的、具有代表性的穹顶建筑有：伯鲁乃列斯基设计的佛罗伦萨主教堂的穹顶，标志着意大利文艺复兴建筑史的开始；伯拉孟特设计的坦比哀多，是文艺复兴盛期纪念性风格建筑的代表作，也标志着穹顶建筑在造型上的成熟；文艺复兴时期由众多建筑大师参与设计与建造的圣彼得大教堂，是文艺复兴运动的伟大的里程碑式的建筑。

### 1.8.2.1 佛罗伦萨主教堂的穹隆顶（the Dome of Florence Cathedral，1420—1431 年）

1. 佛罗伦萨主教堂穹顶的结构技术

穹顶为八边形平面，穹顶轮廓采用双圆心矢形；用骨架券结构，穹面分为里外两层，中间是空的。为了突出穹顶，砌了 12m 高的一段鼓座，连同采光亭在内，总高 107m，成了整个城市轮廓线的中心。

在八边形的 8 个角上升起 8 个主券，8 个边上又各有 2 根次券。由下至上有 9 道水平券，把主券、次券连成整体。顶上由一个八边形的环收束。环上压采光亭，整个构架由大理石砌筑，整体稳定性好。

穹顶的蹼面就依托在这套骨架上，下半部分是石头砌的，上半部分是砖砌的。两层之间有宽 1.2 ~ 1.5m 的空隙，空隙内设阶梯和两圈水平的走廊，它们也起到了加强两层穹顶联系的作用，从上面一圈走廊，可以到采光亭（图 1.8.1）。

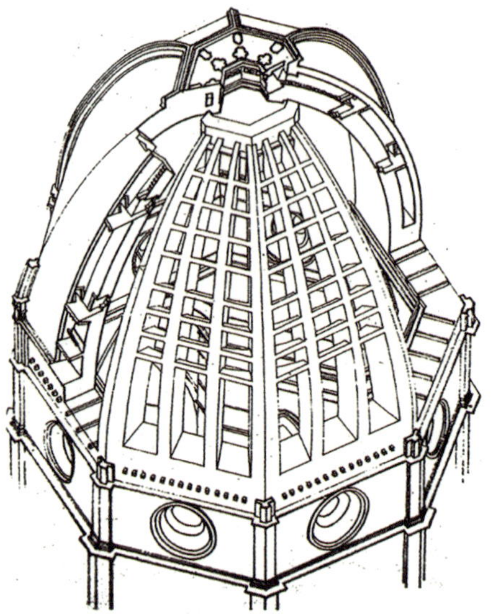
图 1.8.1 佛罗伦萨主教堂穹顶结构示意图

2. 佛罗伦萨主教堂穹顶的意义

（1）天主教会把集中式平面和穹顶看作异教庙宇的型制，严加排斥，它是在建筑中突破教会的精神专制的标志。

（2）古罗马的穹顶和拜占庭的大型穹顶，在外观上是半露半掩的，还未把其作为重要的造型手段。但佛罗伦萨的这一座，使用了鼓座，把穹顶全部表现出来，连采光亭在内，总高 107m，成为整个城市轮廓线的中心（图 1.8.2）。

图 1.8.2 佛罗伦萨主教堂穹顶

（3）佛罗伦萨主教堂的穹顶无论在结构还是在施工等方面都具有一定的首创性，这标志着文艺复兴时期科学技术的普遍进步。

### 1.8.2.2　坦比哀多（Tempietto，1502—1510 年）

坦比哀多是文艺复兴盛期纪念性风格建筑的代表作，是当时在造型上有重大创新的建筑，对后世穹顶建筑的影响很大。坦比哀多采用圆形平面的集中式布局，由柱廊和圣坛两个同心圆组成。以古典围柱式神殿为蓝本，上盖半球形穹顶。建筑下层的围柱廊采用多立克柱式。环廊上的柱子，经过鼓座上壁柱的接应，同穹顶的肋相连，从下而上，一气呵成，浑然一体。

集中式的形体，饱满的穹顶，圆柱形的教堂和鼓座，外加一圈柱廊，使它的体积感很强。建筑物虽小，但有很强的层次感，富于多种几何体的变化，虚实映衬，构图丰富。高居于鼓座之上的穹顶统率整体的集中式形式，在西欧是前所未有的，当时就赢得了很高的声誉（图 1.8.3）。

图 1.8.3　坦比哀多

### 1.8.2.3　梵蒂冈的圣彼得大教堂（Basilica di San Pietro in Vaticano，1506—1626 年）

梵蒂冈的圣彼得大教堂是罗马天主教的中心教堂，是欧洲天主教徒的朝圣地，也是梵蒂冈罗马教皇的教廷。其位于梵蒂冈，是世界第一大教堂。

圣彼得大教堂经过方案竞赛，初始选中了伯拉孟特设计的希腊十字式的方案，四臂等长，四角还有相似而较小的十字式空间。它们的外侧是 4 个方塔，4 个立面完全一样。鼓座有一圈柱廊，同穹顶一起，外形很像坦比哀多。穹顶的肋是石砌的，其余部分用砖，分内外两层。

后经多人修改，最终由米开朗基罗设计完成了大穹顶的主要部分，基本还是采用伯拉孟特的方案。不过，加大了支承穹顶的 4 个墩子，简化了四角的布局，在正立面设计了 9 开间的柱廊。教堂的穹顶是饱满的球体，直径 42m，内部顶点高 123m。穹顶外部采光塔上十字架尖端高达 138m，是罗马城的最高点（图 1.8.4）。

图 1.8.4　圣彼得大教堂西立面

主体完成后，为了便于宗教仪式，建筑师玛丹纳又在其正面加了一段 3 跨的巴西里卡式的大厅，使原有的内部空间和外部形体的完整性都受到了严重的破坏，教堂穹顶的统率地位也没有了。但是，圣彼得大教堂还是空前的雄伟壮丽，走进它的大门，尤其是来到大穹顶下，文艺复兴时代的创造伟力表现得酣畅淋漓，不愧是文艺复兴的纪念碑。

教堂内可容纳 5 万人，内部墙面用各色大理石、壁画、雕刻等装饰，富丽堂皇，外面是花岗岩石，科林斯巨柱式的壁柱作为装饰，端庄而不失华丽。圣彼得大教堂由于建造时间长，其室内的局部装饰与广场的设计又有文艺复兴晚期巴洛克建筑的风格特点（图 1.8.5）。

圣彼得大教堂前的广场由伯尼尼设计，广场以 1586 年竖立的方尖碑为中心，横向呈椭圆形，长 198m，和教堂之间通过一个梯形广场相接。梯形广场的地面向教堂逐渐升高，为的是站在广场任何位置的信徒都能看见站在教堂前的教皇。两个广场都被柱廊包围，为了同宽阔的广场及高大的教堂相称，柱廊有 4 排粗重的塔斯干式柱子，一共 284 根，柱子密密层层，光影变化剧烈。在圆形广场的长轴上，方尖碑的两侧各有一个喷泉，它们显示出广场的几何形状。在横向长圆形广场中央，可以较好地看到大教堂的穹顶（图 1.8.6）。

图 1.8.5　圣彼得大教堂的内部

图 1.8.6　圣彼得大教堂前的广场鸟瞰图

伯尼尼还负责设计了圣彼得大教堂穹顶下的中心祭坛及其上面的巨型华盖，属于文艺复兴晚期的巴洛克语汇。华盖既是一个雕刻作品，也是一个建筑作品，它由四个巨大的青铜柱子支撑顶部，相当于 10 层楼高。柱子看上去是罗马科林斯式，但好像是被巨人扭曲过一样，动感很强。华盖顶端是镀金的十字架，由 S 形半券支撑，十字架放在宝球上。整个华盖缀满藤蔓、天使和人物，充满活力。

## 1.8.3　文艺复兴时期的其他建筑

### 1.8.3.1　巴齐礼拜堂（Pazzi Chapel，1420 年）

图 1.8.7　巴齐礼拜堂

该教堂由伯鲁乃列斯基设计，它的型制借鉴于拜占庭的建筑，正中是一个直径为 11m 的帆拱式穹顶，左右各有一段筒形拱，同大穹顶一起覆盖一间长方形的大厅。后面一个小穹顶，覆盖着圣坛；前面一个小穹顶，在门前柱廊正中开间上。

巴齐礼拜堂主立面由柱式控制，正面柱廊 5 开间，中央一间高大宽敞，是半圆形拱券式，两侧的四间是方额。圆锥形的屋顶、圆柱形的采光亭和鼓座、方形的立面，立面上又有圆券和柱廊方形开间的对比。所以立面包含多种几何元素，对比鲜明，虚实变化丰富（图 1.8.7）。

### 1.8.3.2 佛罗伦萨的美狄奇府邸（Palazzo Medici Riccardi，Florence，1430—1444 年）

建筑师米开朗基罗设计的美狄奇府邸，摆脱了中世纪寨堡雉堞、角楼之类的防御性设施，平面紧凑整齐。主体建筑临街建造，为四合院的布局形式，内院为券柱式回廊，共 3 层，每层窗子大小一致，排列整齐，没有明确的中轴线。

临街立面，墙体全部用大理石砌筑。底层粗糙，表面起伏达 20cm，砌缝很宽；二层平整，但砌缝宽仍有 8cm；三层光滑而不留砌缝，出檐深远，强调水平构图的稳定感。美狄奇府邸是文艺复兴早期府邸的典型作品（图 1.8.8）。

### 1.8.3.3 维晋寨的巴西利卡（Basilica Vicenza，1549 年改建）

维晋寨的巴西利卡是建筑师帕拉第奥的重要作品之一，其立面构图处理是柱式构图的重要创新，名为“帕拉第奥母题”。即用大柱把立面分成若干方间，每间又用小柱分为三个小开间，中间一开间，是半圆形拱券式的，券脚落在两根独立的小柱子上，两侧是架着额枋的小方间。这个母题构图，虚实相生，方圆、大小对比丰富，有主有次，层次分明（图 1.8.9）。

图 1.8.8 美狄奇府邸临街面

图 1.8.9 维晋寨的巴西利卡立面局部

### 1.8.3.4 圆厅别墅（Villa Rotonda，1552 年）

圆厅别墅由帕拉第奥设计，建在维晋寨的一小山丘上，平面正方，四面一式。底层处理成基座层，内部空间作为附属房屋。主要的第二层正中是一个直径为 12.2m 的圆厅，它上面是碟形穹顶。内部装饰得很华丽，四面正中是各向门厅，四角是其他功能空间。

室外大台阶直达第二层，台阶上，每一个立面的正中，都是 6 根戴着山花的爱奥尼柱子。列柱和大台阶加强了第二层在构图上的重要性，使它居于主导地位，顶层处理成不高的阁楼。这种处理方法对之后的欧洲府邸建筑有很大影响（图 1.8.10）。

图 1.8.10 圆厅别墅的外观

### 1.8.3.5 威尼斯的圣马可广场（Piazza and Piazzetta San Marco，14—16 世纪）

圣马可广场是世界上最卓越的建筑群之一，其包括大广场和小广场两部分。大广场为东西向，梯形平面；小广场为南北向，连接大广场和大运河口。

图 1.8.11　圣马可广场鸟瞰图

大广场的东端是 11 世纪建造的拜占庭式的圣马可主教堂，其立面经过多次改造，在 15 世纪时完成了其华丽多彩、轮廓丰富的面貌。大广场的北侧是旧市政大厦，它决定了广场的长度，南侧是新市政大厦，西端是一个两层的建筑物连接着新旧市政大厦，这三座建筑风格统一。

同大广场相垂直的，是总督府和圣马可图书馆之间的小广场。总督府紧挨着圣马可主教堂，图书馆连接着新市政大厦。小广场的中线大致与圣马可教堂的正立面重合，呈梯形，比较窄的南端底边向大运河口敞开。河口外大约 400m 处有一座小岛，小岛上的教堂和修道院，成为小广场的对景。

小广场和大广场相交位置的拐角上，斜对着主教堂，有一座方形的高塔，成为整个广场的视觉中心，也把大小广场联系起来（图 1.8.11）。

# 1.9　巴洛克建筑

## 1.9.1　巴洛克建筑的特征

巴洛克建筑是 17—18 世纪在意大利文艺复兴建筑基础上发展起来的一种建筑风格。巴洛克建筑兴起于意大利罗马城，后流布欧洲各地，主要分布在西班牙、德国和奥地利等天主教国家。巴洛克风格打破了对古罗马建筑理论家维特鲁威的盲目崇拜，也冲破了文艺复兴晚期古典主义者制定的种种清规戒律，反映了向往自由的世俗思想，倾向于豪华、浮夸的风格，善于运用矫揉造作的手法来产生特殊效果。

巴洛克建筑的主要特征有：追求建筑形体和空间的动态，常用穿插曲面和椭圆形的空间造型，曲线的和复杂的楼梯处理，以及复杂的平面布局带来动感和神秘感。一些教堂建筑常用节奏不规则地跳跃，例如，使用双柱，甚至 3 根柱子为一组，开间的宽窄变化也很大。立面处理上突出垂直分划，用叠柱式，却把基座、檐部甚至山花都做成断折式的。用 3/4 柱和倚柱取代薄壁柱来增加体积感和光影的变化。山花缺去顶部，嵌入纹章、匾额或其他雕饰，把 2 个甚至 3 个山花套叠在一起来，造成反常出奇的新形式；喜好富丽的装饰和强烈的色彩，打破建筑与雕刻绘画的界线，使其相互渗透。壁画构图动态剧烈，常用透视法来制造空间幻觉。雕刻渗透到建筑中去，人像柱、半身像的牛腿、人头的托架等很流行，甚至一些壁炉和大门做成张着血盆大口的魔兽脸谱。雕

微课视频

巴洛克建筑

刻的位置安排自由灵活，动感很强。雕刻与绘画界限模糊，彼此相互渗透。壁画与雕刻趋向自然，树叶、贝壳、涡卷等来源于自然的造型元素丰富了古典建筑语汇。追求自由奔放的格调，表达世俗情趣，充满欢乐的气氛（图 1.9.1）。

图 1.9.1　巴洛克建筑的室内天顶画

## 1.9.2　建筑实例

### 1.9.2.1　罗马耶稣会教堂（Church of the Gesu，1568—1602 年）

意大利文艺复兴晚期著名建筑师和建筑理论家维尼奥拉设计的罗马耶稣会教堂，是由手法主义向巴洛克风格过渡的代表作，也有人称之为“第一座巴洛克建筑”。教堂立面正门上方分层檐部和山花做成重叠的弧形和三角形，大门两侧采用了不同组合的倚柱和薄壁柱。立面上部两侧作了两对大涡卷（图 1.9.2）。

罗马耶稣会教堂平面为长方形，端部突出一个圣龛，由哥特式教堂惯用的拉丁十字形演变而来，中厅宽阔，拱顶满布雕像和装饰。两侧用两排小祈祷室代替原来的侧廊。十字正中升起一座穹窿顶。教堂的圣坛装饰富丽而自由，上面的山花突破了古典法式，作圣像和装饰光芒。室内高窗镶嵌在正殿筒拱上，还有穹顶鼓座上的一圈小窗户，光束穿透暗淡的空间，创造出如舞台灯光般的效果（图 1.9.3）。

图 1.9.2　罗马耶稣会教堂外立面

图 1.9.3　罗马耶稣会教堂室内

#### 1.9.2.2 圣卡罗教堂（San Carlo Quattro Fontane，1638—1667 年）

位于罗马的圣卡罗教堂，是晚期巴洛克式教堂的代表作。其立面中央一间凸出，左右两面凹进，均用曲线形成一个波浪形的曲面，似乎在流动，但构图稳妥，很见功力（图 1.9.4）。

图 1.9.4 圣卡罗教堂主立面

图 1.9.5 圣卡罗教堂室内椭圆形的穹顶

教堂内部空间呈椭圆形，有装饰圆柱的壁龛和凹间，空间形式较为复杂。教堂穹顶的凹格十分巧妙，小且有多种形式，但总的几何形式却很单纯明确。教堂没有窗子，穹顶中央天窗透进来一缕光线，给教堂增加了一种幽幽的神秘感（图 1.9.5）。

17 世纪 30 年代之后，罗马城内修建了很多巴洛克风格的小教堂与广场点缀其中，不仅是用来进行宗教仪式，也是为了炫耀教会的富有和势力。源于罗马的巴洛克艺术风格影响深远，紧随其后，欧洲各地都出现了巴洛克风格的教堂或府邸。

## 1.10 法国古典主义建筑

法国在 17—18 世纪初，是路易十三和路易十四专制王权极盛时期，开始竭力崇尚注重理性、讲究节制、结构清晰、脉络严谨的建筑风格。这种风格的建筑被称为法国古典主义建筑。

法国古典主义建筑造型严谨，普遍应用古典柱式，强调构图中的主从关系，突出轴线，讲求对称。古典主义建筑师经常用中央大厅统率内部空间、穹顶来统率外部形体，使它成为全局的中心。为了满足贵族阶层的生活享受，内部装饰丰富多彩。法国古典主义建筑的代表作是一些规模巨大、造型雄伟的宫廷建筑和纪念性的广场建筑群。这一时期法国王室和权臣建造的离宫别馆，为欧洲其他君主国家所仿效。

### 1.10.1 卢浮宫（Louvre Museum，始建于 1204 年）

卢浮宫位于法国巴黎市中心的塞纳河北岸，历经 800 多年的扩建、重修才达到今天的规模。卢浮宫占地面积（含草坪）约为 45 公顷，建筑物占地面积为 4.8 公顷。它的整体建筑布局为“四合院 + 三合院”，呈 U 形，两侧的长度均为 690m，整个建筑壮丽雄伟。

1546 年，建筑师皮埃尔・莱斯柯在国王的委托下对卢浮宫进行改建，从而使这座宫殿具有了文艺复兴时期的风格。后又经历代王室多次授权扩建，又经过法国大革命的动荡，到拿破仑三世时卢浮宫的整体建设才算完成。卢浮宫的南立面融合了意大利文艺复兴的柱式、巴洛克的檐部、法国传统屋顶等多种建筑风格（图 1.10.1）。

微课视频

法国古典主义建筑

图 1.10.1　*卢浮宫的南立面*

17 世纪 60 年代，由弗·勒伏等设计的卢浮宫东立面是一个典型的古典主义建筑作品，完整地体现了古典主义的各项原则，它标志着法国古典主义建筑的成熟，其摒弃了繁琐的装饰和复杂的轮廓线，以简洁严肃的手法取得纪念性的效果。

卢浮宫东立面全长约 172m，高 28m，上下是一个完整的柱式，分为三部分：底层是基座，高 9.9m；中段是两层高的巨柱式的柱廊，柱子两个为一组，高 13.3m；最上面是檐部和女儿墙。在水平方向，中央与两端各有凸出部分，将立面分为 5 段。两端的凸出部分用壁柱装饰，而中央部分用倚柱，有三角形的山花，另外两部分是双柱式的柱廊。整个建筑轴线明确，简洁洗练，层次丰富，反映了以君主为中心的封建等级制的社会秩序（图 1.10.2）。

图 1.10.2　*卢浮宫的东立面*

## 1.10.2 凡尔赛宫（Versailles，1682—1789 年）

凡尔赛宫是法国绝对君权时期的最重要纪念碑，其总体布局对欧洲的城市规划影响很大，是法国 17—18 世纪艺术和技术的集中体现（图 1.10.3）。

图 1.10.3 凡尔赛宫自西向东的鸟瞰图

凡尔赛宫位于巴黎城内西南方，总占地面积 800 公顷，包括西面的大园林、宫殿和放射形大道三部分，宫殿建筑占地面积 11 公顷。宫殿的主要建筑师为 J.H. 孟莎，主体建筑是在一座三合院的基础上，不断扩建而形成的 U 形平面，南北总长约 400m。中央部分供国王与王后起居及工作，南翼为王子、亲王及王妃命妇之用，北翼为王权办公处，并有教堂、剧院等。

凡尔赛宫西立面是标准的古典主义的构图形式，即将立面划分为纵、横几段，建筑左右对称，造型轮廓整齐、庄重雄伟，被称为理性美的代表（图 1.10.4）。

图 1.10.4 凡尔赛宫西立面

宫内装修以豪华的巴洛克风格为主，少数厅堂为洛可可风格，内壁悬挂壁毯、油画、雕刻，大厅内陈列著名雕刻家的青铜或大理石雕像，享有艺术宫殿之盛誉。西面居中的国王接待厅，即为著名的镜廊，该廊长 73m，宽 10m，上面的角形拱顶高 13m，是富有创造性的大厅。厅内侧墙上镶有 17 面大镜子，与对面的法国式落地窗和从窗户引入的花园景色相映成辉（图 1.10.5）。

图 1.10.5　凡尔赛宫的镜厅

1667 年，勒诺特设计凡尔赛宫西面的大园林。园林面积很大，中轴东西长达 3km，是宫殿中轴的延长。还有一条横轴和几条次轴，紧靠宫殿西面的是几何形花坛和水池，再往西是由树木包围起来的一些独立的景点，叫小林园，再往西是大林园，有一个十字形的大水渠。中轴贯穿这三部分，园里布满雕像和喷泉，大林园的横轴的北端有一所小型的宫殿。凡尔赛宫的园林是一座风格独特的“法兰西式”园林，是世界园林史上重要的作品。

宫殿东面原来是三合院的狩猎行宫，建筑的立面和庭院地面改用大理石装饰，故称为“大理石院”。以大理石院为中心，有三条放射状林荫大道，中间一条通向巴黎市区，其他两条通向另外两座离宫。

凡尔赛宫的建筑与园林风格引起俄国、奥地利等国君主的羡慕并仿效。圣彼得堡郊外的夏宫、维也纳的美泉宫、波茨坦的无忧宫等都仿照了凡尔赛宫的宫殿和园林。

微课视频

洛可可装饰风格

## 1.11　洛可可装饰风格

洛可可装饰风格产生于 17 世纪末的法国，影响久远，主要体现在府邸建筑的室内装饰上。洛可可风格的基本特点是纤弱娇媚、华丽精巧、甜腻温柔、纷繁琐细，室内气氛亲切温雅。洛可可一词由法语“贝壳工艺”一词演化而来，原意为建筑装饰中的一种贝壳形图案。由于在室内装饰中大量采用这种曲线形的贝壳纹样，由此而得名。

## 1.11.1 洛可可装饰风格的特点

洛可可建筑的装饰风格的特点是：室内排斥一切建筑母题，过去用壁柱的地方，改用镶板或者镜子，四周用细巧复杂的边框围起来，凹圆线脚和柔软的涡卷代替了过去的内檐口线脚和小山花，室内护壁板有时用木板，有时做成精致的框格，框内四周有一圈曲线的花边，中间常衬以东方浅色织锦。

室内应用明快的色彩和纤巧的装饰，家具非常精致且偏于繁琐，圆雕和高浮雕换成了色彩艳丽的小幅绘画和薄浮雕。浮雕的边缘融进底子的平面之中，线脚和雕饰都非常纤细轻薄，没有体积感。

装饰题材有自然主义倾向，最常用的是千变万化的、舒卷纠缠的草叶。此外还有蚌壳、蔷薇和棕榈，它们还构成撑托、壁炉架、镜框、门窗框和家具腿等。这些装饰常采用不对称手法，喜欢用弧线和S形线，避免用水平的直线与方角，在各种转角上总是用涡卷、花草或者璎珞等柔化或打断。

室内墙面粉刷常用嫩绿、粉红、玫瑰红等鲜艳的浅色调，线脚大多用金色。顶棚上涂成天蓝色，画着白云。室内喜爱用闪烁着光泽的饰物。墙上大量镶嵌镜子，绸缎质地的幔帐，悬挂着晶体玻璃的吊灯，陈设着华丽的瓷器，家具上镶嵌螺钿，壁炉用磨光的大理石，大量使用金漆，特别喜好在大镜子前安装烛台，欣赏反照的摇曳和迷离（图 1.11.1）。

图 1.11.1　洛可可风格的室内装饰

## 1.11.2　苏比斯府邸（Hotel de Soubise，1735 年）

位于巴黎的苏比斯府邸外立面是严谨的古典主义建筑，内部装饰是洛可可风格的杰作。府邸内的公主沙龙是一处典型的洛可可装饰风格的室内空间，这是一个椭圆形的房间，带有精巧的洛可可细部装饰。浅浮雕用镀金装饰，大面积的镜子和绘画作品装饰着室内墙面，顶棚与墙面交接处是一个斜面，被浅浅的曲线脚分成不规则的画框，水晶枝形吊灯悬挂在房屋中央，顶棚是蓝色的，墙面是白色的，室内充满了温柔舒适的、女性化的浪漫气息（图 1.11.2）。

图 1.11.2　苏比斯府邸内的公主沙龙

# 第2章 西方近代新建筑探索

## 2.1 建筑新材料、新技术和新类型的探索

1640 年，英国资产阶级革命的爆发标志着世界历史进入了近代史阶段。18 世纪末至 19 世纪，英、美、法、德等国先后进行了工业革命，这些国家的工业化从轻工业扩展到了重工业，并于 19 世纪末达到高潮，至此，西方国家步入工业化社会。

工业革命改变了社会生产方式、生产技术和社会关系，同时也给城市和建筑带来了一系列新的问题。第一，城市混乱无序。城市的工业化需要大批的工人，城市因工业生产集中引起人口的恶性膨胀。土地私有制和房屋建设的无政府状态造成了城市的交通堵塞以及环境恶化，一度使城市混乱无序。第二，住宅问题突出。虽然资产阶级不断地建造房屋，但其目的更多是为了牟利，或政治上的原因，底层民众仍然只能居住在简陋的贫民窟中，严重的房荒成为急需解决的首要问题。第三，建筑形式需求。工业革命促使了社会生活方式的变化和科学技术的进步，体现了对新建筑类型的需要，并对建筑形式提出了新的要求。

这一时期，在建筑创作方面产生了一些矛盾与变化：复古主义思潮与工业革命思想之间的矛盾；传统学院派教育与全新的建筑类型和建筑需求之间的矛盾。最终，在建筑创作中形成了两种不同的倾向：一是能反映当时社会上层阶级观点的复古思潮；二是探求建筑中的新功能、新技术与新形式的可能。

19 世纪下半叶，工业的快速发展带动了建筑科学的巨大进步。出现了新的结构技术、施工设备、施工方法，并为建筑在高度和跨度上的发展创造了条件，使建筑在平面与空间上的设计更为自由和解放，并影响到建筑形式的变化。如，由于生铁技术的应用与发展，英国塞文河上建造了第一座生铁桥（1775—1779 年），跨度达 30m，高为 12m（图 2.1.1）。

图 2.1.1　塞文河生铁桥

课件

西方近代新建筑探索

生铁技术和玻璃在建筑中的应用，使得建筑高度逐渐被突破、建筑新类型层出，缓解了工业革命中日益突出的住房需求与地价之间的矛盾。铁作为主要建筑材料被真正运用在房屋中，是 1786 年维克多·路易斯（Victor Louis）设计的巴黎法兰西剧院。1829—1831 年，方汀（P. Fontaine）为巴黎旧王宫设计奥尔良廊的拱顶时，采用了铁构件和玻璃配合的建筑方法，这是最早在建筑中采用铁和玻璃两种建筑材料组成新体系的实例。由这两种材料组成的体系和构造方式对建筑新形式的探索产生了深远的影响。

19 世纪后半叶，建筑师们开始了新建筑形式和新材料、新技术相配合的尝试，并开始了建筑创作新方向的探索。近代工业的发展和资本主义工业品在世界市场的竞争促使了工业博览会的诞生，工业博览会给建筑类型的创造提供了最好的机会和条件。1851 年，第一届工业博览会在英国伦敦召开，博览会展馆自然万众瞩目。会馆的设计方案由竞赛的形式向全世界建筑师发出邀请，共计收回 245 个设计方案。园艺师帕克斯顿（J. Paxton，1801—1865 年）提出的玻璃温室式设计方案脱颖而出，很好地解决了建造工期极短的难题，这是传统的建造技术和形式所不具备的。该建筑完全使用玻璃和铁架建造，全长 564m（约为 1851 英尺[1]，象征建造年份），宽 124m，建筑面积达 7.4 万 $m^2$，中间高起，并向两边跌落，共有五跨，以玻璃长度 4 英尺的两倍（8 英尺）为模数，3300 根铁柱按 48 英尺的间距分布在 1/3 英里的长度中，而 18000 块玻璃填充于铁柱所支撑的铸铁骨架里。通过采用模数制，几乎所有的构件都可以在工厂中生产并在现场组装，整个工期仅 4 个月，如此庞大的建筑其构造却十分灵巧简便。整座建筑共采用了 9.3 万 $m^2$ 的玻璃，由于通体透亮，被称为“水晶宫”（Crystal Palace）（图 2.1.2）。

图 2.1.2 水晶宫

“水晶宫”的设计打破了传统的建筑形式，必会引起保守派的非议。为了平息保守派的公众舆论，在建造过程中，帕克斯顿巧妙地搭建一个拱顶的中央通廊，保留了基地上的一组大树，这也反映了新型模数制组装建筑所具有的无可比拟的灵活性（图 2.1.3）。博览会的整个展馆外形简单，是一个阶梯形的长方体，中间有一个垂直的拱顶，完全没有历史样式的影子。作为世界上第一座大规模预制建筑，水晶宫标志着建筑在规模、新材料和新技术的运用、施工速度上的巨大飞跃。博览会结束之后，水晶宫按原定计划被迅速和完整地拆除，并被迁到另一个地方重新装配起来，直到 1936 年毁于大火。

埃菲尔铁塔（图 2.1.4）作为 1889 年世博会的入口，主体高近 328m，内部安装了 4 台水力升降机，由 15000 根锻铁部件和 250 万颗铆钉构成，施工周期只有 17 个月。因为它的高度和位置，使得人们在巴黎处处都可以看到这座透风轻盈、下大上尖的钢铁骨架塔。作为无线电发射塔，它得以幸运地保存下来，成为了巴黎的城市地标，世博会后逐渐被人们所接受，并无可争议地成为法国的象征。

---

[1] 1英尺≈0.3048m

图 2.1.3　水晶宫室内

图 2.1.4　埃菲尔铁塔

## 2.2　古典复兴

与工业革命对建筑设计思想的冲击相对应的是复古主义思潮。建筑创作中的复古主义思潮是指从 18 世纪 60 年代到 19 世纪末流行于欧美的古典复兴、浪漫主义与折衷主义。新兴的资产阶级由于政治上的需要，企图利用过去的历史样式从古代建筑遗产中寻求思想上的共鸣。

古典复兴是指从 18 世纪 60 年代到 19 世纪末流行于欧美国家的一种思潮，建筑上特指采用古希腊、古罗马的建筑形式。主要建筑类型有国会（服务于资产阶级政权和社会生活）、法院、银行、交易所、博物馆、剧院等公共建筑和纪念性建筑，以及住宅（服务于一般市民）、教堂、学校等建筑。

古典复兴建筑的流行，主要受启蒙运动和考古发掘进展的影响。启蒙运动源于 18 世纪的法国，是一场反封建、反教会的资产阶级思想文化解放运动。它宣扬唯物主义和科学，反对宗教迷信，批判封建制度等传统观念，主要为资产阶级革命做思想准备和舆论宣传。启蒙运动派的核心是资产阶级的人性论，主要内容是自由、平等和博爱。这种思想被用作宣传资本主义制度的口号，企图唤起人们对古希腊、古罗马的礼赞，甚至成为资本主义初期古典复兴建筑思潮的社会基础。

18 世纪下半叶到 19 世纪，考古工作成绩显著，大量古希腊、古罗马艺术珍品出土并进入各大博物馆，欧洲人才真正领略到古希腊艺术的优美和典雅，以及古罗马艺术的雄伟和壮丽。相反地，讲究理性的新兴资产阶级，开始厌恶盛行一时的巴洛克与洛可可建筑风格，不再追随和迷信封建贵族奢侈腐化的生活方式。于是，古希腊、古罗马的古典建筑遗产成为了当时创作的源泉。之后的拿破仑帝国时代，上层资产阶级真正向往的是罗马帝国称霸世界的霸权，古罗马帝国时代的广场、凯旋门、纪功柱等纪念性建筑便成为了资产阶级争相效仿的榜样。

图 2.2.1　巴黎万神庙（1755—1792 年）

古典复兴建筑在各国的发展各有不同。法国以古罗马复兴时期建筑为主，而英国和德国更注重古希腊复兴建筑。18 世纪末到 19 世纪初的法国，不但是古典复兴运动的中心，而且也是欧洲资产阶级革命的据点。1789 年大革命前后，已经出现了如巴黎万神庙这样的建筑（图 2.2.1），之后罗马复兴的建筑思潮在法国盛极一时。拿破仑帝国时代，巴黎相继建造了一系列国家级的纪念性建筑，如星形广场的凯旋门（1808—1836 年）、马德莱娜教堂（1806—1842 年）等，这些建筑可以说是罗马帝国时期建筑样式的翻版。此类建筑外观上追求雄伟、壮丽，内部吸取东方的各种装饰或洛可可的手法，形成特有的“帝政风格”。

巴黎万神庙现为国家重要人物公墓，原为献给巴黎守护神圣什内维埃夫的教堂。它形体简洁、几何性明确、结构轻盈，穹顶共 3 层，内径 20m，可以通过中央设计的圆洞看到第二层上面的粉彩画。穹顶顶端采光亭的最高点为 83m，正面构图效仿古罗马庙宇，西面柱廊有 6 棵 19m 高的罗马科林斯柱，上面设有山花，下面基层有 11 级台阶。室内由巨大的科林斯柱及壁柱、圆拱、穹顶、巨大的壁画和雕塑等构成了一个相当集约、气氛高亢向上的空间，很好地传承了罗马万神庙的空间精神。

坐落于巴黎星形广场中央的凯旋门（图 2.2.2），兴建于 1806 年 2 月，是拿破仑为纪念他在奥斯特里茨战役中打败奥俄联军的功绩而建。凯旋门高 50m、宽 45m、厚 22m，四面各有一拱门，中心拱门宽 14.6m，外墙是刻有“取材于 1792—1815 年间法国战史”的巨幅雕像，所刻雕像各具特色，同门楣上花式浮雕构成了一个有机整体，其中《马赛曲》尤为突出。内壁刻的浮雕是数百名战将的名字和拿破仑的战功，这些将军曾经跟随拿破仑远征上百个战役，立下赫赫战功。在凯旋门的下方有一座无名烈士墓，建于 1920 年 11 月。

图 2.2.2　巴黎凯旋门

几乎同时期的英国和德国以希腊复兴式建筑为主。其中，英国较为典型的建筑有爱丁堡中学（1825—1829 年）、不列颠博物馆（图 2.2.3）等。不列颠博物馆的正面中央采用古希腊神庙的形式，两端向前突出。馆的正立面由 44 根爱奥尼柱构成的柱廊形成，爱奥尼柱的比例尺寸完全参照雅典卫城中的伊瑞克提翁神庙柱式，整个建筑显得端庄典雅，保持古希腊建筑特有的纯净。德国的柏林勃兰登堡门的设计（图 2.2.4）从雅典卫城山门中吸取灵感，另一个希腊复兴式建筑代表作柏林宫廷剧院（1818—1821 年），由著名建筑师辛克尔设计。

图 2.2.3　英国不列颠博物馆（1823—1847 年）

图 2.2.4　柏林勃兰登堡门（1789—1793 年）

美国在独立之前，建筑造型采用欧洲式样。因建筑由不同国家的殖民者所建造，而有“殖民时期风格（Colonial Style）”所称。独立战争时期，美国资产阶级在摆脱殖民统治的同时，也曾力图摆脱“殖民时期风格”，但由于美国没有悠久的传统，只能用古希腊和古罗马的古典建筑去表现民主、自由、光荣和独立。所以古典复兴在美国盛极一时，尤其以罗马复兴为主。美国国会大厦（图 2.2.5）是罗马复兴在美国的纪念性建筑，华盛顿林肯纪念堂（图 2.2.6）属于公共建筑。

图 2.2.5　美国国会大厦（1793—1867 年）

图 2.2.6　华盛顿林肯纪念堂

## 2.3　浪漫主义

浪漫主义（Romanticism）是 18 世纪下半叶到 19 世纪上半叶活跃于欧洲文学艺术领域中的一种主要思潮，既带有反抗资本主义制度与大工业生产的情绪，又夹杂有消极的虚无主义色彩。它在艺术上强调个性，提倡自然主义，主张用中世纪的艺术风格同古典艺术相抗衡。浪漫主义体现在建筑上的主要有教堂、学校、车站、住宅等类型。同时，在各个地区的发展也不尽相同。大体来说，英国和德国流行较广，时间也较早；而法国和意大利则流行面较小，时间也较晚。

浪漫主义最早出现于 18 世纪下半叶的英国，大体来说分为两个阶段，即先浪漫主义时期和哥特式建筑风格（浪漫主义建筑的极盛时期）。18 世纪 60 年代到 19 世纪 30 年代为其发展的第一阶段，称为先浪漫主义时期。这个时期，没落的封建贵族追忆往昔，对往日的辉煌无限怀念，唱起了美化中世纪生活和文化的哀歌，形成了一股逃避现实、渲染中世纪田园情趣的文学艺术潮流。在建筑上表现为模仿中世纪的寨堡，追求非凡的趣味和异国情调，甚至在园林中出现了东方建筑小品。如德国波茨坦无忧宫的中国式茶亭（图 2.3.1），模仿印度伊斯兰教礼拜寺的英国布莱顿的皇家别墅（图 2.3.2）。

图 2.3.1　波茨坦无忧宫的中国式茶亭

图 2.3.2　英国布莱顿的皇家别墅（1818—1821 年）

19 世纪 30 年代到 70 年代是浪漫主义的第二个阶段，也是英国浪漫主义建筑的极盛时期。它的产生背景极为复杂：一是在反拿破仑的战争中，欧洲各国的民族意识高涨，热衷于发扬本民族文化传统，而中世纪闭关自守状态下的文化，是最富民族特点的；二是拿破仑失败后，欧洲反动者嚣张一时，开始鼓吹恢复中世纪的宗教，主张使用中世纪的建筑式样；三是资产阶级革命胜利后，大资产阶级的统治使资本主义经济法则替代了封建权势，但是曾支持革命的小资产阶级在革命斗争中却落了空，社会地位和生活不断恶化，他们憎恨工业化城市带来的恶果，痛恨“机器的奴役”，提倡中世纪的手工艺艺术风格，甚至提倡手工作坊式的生产。

图 2.3.3　英国国会大厦（1836—1868 年）

此时的浪漫主义追求中世纪的哥特式建筑风格，又被称为“哥特复兴”。最著名的代表作品是英国国会大厦（图 2.3.3），采用的是亨利第五时期的哥特垂直式。此外，英国伦敦的圣吉尔斯教堂（1842—1844 年）、曼彻斯特市政厅（1868—1877 年）等都是哥特复兴式建筑代表性作品。

# 2.4　工艺美术运动

微课视频

工艺美术运动

英国是最早发展工业的国家，工业技术发展的同时也带来了各种城市痼疾，交通混乱、居住与卫生条件恶劣、各种粗制滥造而价格低廉的工业产品充斥着人们的生活。一些社会活动家、评论家和艺术家等把批判的矛头指向了机器，他们反对和憎恨机器生产，鼓吹逃离工业城市，怀念手工艺时代的哥特式风格，向往自然的浪漫主义情绪，这些都促使了工艺美术运动的产生。

工艺美术运动（Arts and Crafts）是英国小资产阶级浪漫主义的社会与文艺思想在建筑及日用品设计上的反映。19 世纪下半叶，拉斯金主张艺术家与工匠相结合，提出了“要把艺术家变成手工业者，把手工业者变成艺术家”的口号，并强调艺术与实用相结合。在建筑上，他们主张建造“田园式”的住宅，来摆脱古典建筑形式。装饰上，反对过分的装饰，反对哗众取宠，提倡中世纪哥特式风格，崇尚自然主义和东方装饰艺术。拉斯金的思想得到了英国一部分建筑家和艺术家的响应。为了抵制工业对手工艺的威胁、复兴哥特风格和体现建筑与产品的民主思想，英国发起了一场颇具试验性的设计运动。其核心人物是威廉·莫里斯（William Morris）。

工艺美术运动主张恢复手工艺传统，设计装饰借鉴自然，设计主张真诚、形式与功能统一。赞扬手工艺的整体效果和自然材料的美，强调古趣，反对机器制造的产品，提倡艺术化的手工制品。这场设计运动主要在英国，集中表现在建筑、室内设计、家用产品设计、书籍装帧、纺织品、墙纸、家具等方面。一开始是在小范畴内尝试，1888 年工艺美术展览协会成立后极大促进了这场运动，并开始影响到欧洲其他国家及美国，对苏格兰格拉斯哥学派、美国芝加哥学派的主要人物都产生了相当大的影响。

威廉·莫里斯于 1834 年出生在一个富裕的商人家庭，从小受到良好的教育。在他 17 岁参观伦敦博览会时就表现出了对工业化产品极大的反感，并决心学习设计来扭转设计颓败的现实。他曾就读于万宝路大学和牛津大学的建筑系，刻苦钻研古典建筑，在阅读过拉斯金的著作后，开始对哥特风格和自然主义风格产生了浓厚的兴趣。毕业之后，他先在专门从事哥特风格的建筑设计事务所工作，后受艺术家但丁·罗西蒂影响，与琼斯一起参加了“拉斐尔之前画派兄弟会”，志在复兴中世纪风格，并准备开设画室，并且大婚在即，遗憾的是他跑遍伦敦市区和郊区竟没有找到满意的房子和家具用品。于是，莫里斯邀请菲利普·韦布（Philip Webb，1831—1915）共同设计了位于肯特郡的新婚住宅——红屋。该建筑作为工艺美术运动的典范之作而成为他一生的“里程碑”。住宅功能良好，摒弃了古典主义的立面和细部装饰，住宅的外形直接反映了内部的使用要求。形式非对称，平面根据功能需要布置成 L 形；大坡面屋顶具有浓郁的中世纪气息，表面直接采用不加粉饰和贴面的本地产红砖，表现出材料本身的质感；结构暴露，有不少哥特式的细节，与自然环境十分贴近；起居室顶棚木梁裸露，中间铺板贴壁纸。壁纸是莫里斯设计的，色彩明快，图案简洁；壁炉采用清水红砖砌筑，造型饱满独特，灰缝精致，表现出很强的工艺感。设计师这种将功能、材料与艺术造型结合的尝试，对后来的新建筑运动起到了一定的启发作用。该住宅建筑广受设计界好评，被称为“红屋”（图 2.4.1、图 2.4.2）。

图 2.4.1　莫里斯住宅

图 2.4.2　莫里斯住宅室内

“红屋”的成功激励了莫里斯的信念。1861 年，他与魏伯、琼斯合作开设了世界上第一个独立的综合设计事务所，又于 1864 年成立独立股份的“莫里斯设计事务所”，设计范围包括建筑、家具等。在 19 世纪 90 年代增加了书籍设计，成为兼有建筑、室内、产品、平面等多种设计的综合事务所。

莫里斯事务所的设计风格代表了工艺美术运动主要的设计特点：强调手工艺，提倡中世纪风格，讲究朴实、诚恳、良好的功能，反对华而不实、哗众取宠的设计，装饰上推崇自然主义和东方艺术。莫里斯本人非常反对维多利亚风格和一切矫揉造作的设计，强调设计是为多数人服务的活动，同时也强调设计活动是集体的，而非个人的。

1888 年，在莫里斯和菲利普·韦布的影响下，一批英国设计家成立了英国工艺美术展览协会，引入大批外国建筑家、设计家。该协会举办展览，促进设计交流，并出版了刊物《工作室》（*The Studio*），广泛传播拉斯金和莫里斯的思想。直至 1896 年莫里斯去世，这场运动在英国逐渐偃旗息鼓。

英国的工艺美术运动随着展览与杂志的宣传介绍，很快传播到海外，并首先在美国获得反响。因此，美国的工艺美术运动在时间上大致与英国平行。尽管美国长期受法国学院派的影响，但仍有许多重要的英派设计师。一些工艺美术运动的著名人物，如阿什比等先后访问过美国，有的还为美国进行了设计，他们向美国设计师传播了拉斯金和莫里斯的思想。在英国的影响下，美国在 19 世纪末成立了许多工艺美术协会，如 1897 年成立的波士顿工艺美术协会。美国工艺美术运动的杰出代表是斯蒂克利。斯蒂克利受到沃赛作品的启发，于 1898 年成立了以自己姓氏命名的公司，并着手设计制作家具，还出版了较有影响的杂志《手工艺人》。他的设计基于英国工艺美术运动的风格，但采用了有力的直线，使家具更为简朴实用，是美国实用主义与英国设计运动思想结合的产物。

工艺美术运动对于设计改革的贡献是重要的，它首先提出了“美与技术结合”的原则，主张美术家从事设计，反对“纯艺术”。但工艺美术运动也有其先天的局限，它将手工艺推向了工业化的对立面，这无疑是违背历史发展潮流的，由此使英国设计走了弯路。英国是最早工业化和最早意识到设计重要性的国家，但却未能最先建立起现代工业设计体系，原因正在于此。

工艺美术运动对以后的美术运动也产生了深远的影响，特别是对新艺术运动（Art Nouveau）产生了直接的影响。工艺美术运动的设计强调“师承自然”，各种植物纹样和曲线的运用，忠实于材料并适应使用目的。这种思想被新艺术运动所借鉴和使用，体现了工艺美术运动在这一时期的合理性和实用性，但这一运动对机器生产予以的否定显然是片面的，但也在一定程度上反映了当时人们对即将到来的工业化大生产所表现出的种种疑虑。

## 2.5　新艺术运动

新艺术运动开始于 19 世纪 80 年代的比利时首都布鲁塞尔，随后在欧洲迅速传播，甚至影响到了美洲。该运动致力于在绘画、装饰及建筑领域寻求一种不同于以往的新的艺术设计语言，极力反对历史式样，主张创造一种前所未有的、能适应工业时代精神的简化装饰，目的在于革新建筑和工艺品的艺术风格。设计师极力探索新的装饰纹样，并积极探索与新兴的铸铁技术结合的可能性，逐渐形成一种特有的富于动感的艺术风格：在绘画和装饰主题上，大量采用模仿自然界植物生长的曲线，尤其是藤蔓植物自由连续纤细的曲线，并将其淋漓尽致地运用于墙面、家具、壁纸、窗棂、栏杆及梁柱上，此外，铁构件也大量应用于装饰中。

图 2.5.1　都灵路 12 号住宅内部

微课视频

新艺术运动

代表建筑有布鲁塞尔都灵路 12 号住宅（图 2.5.1），是设计师维克多・霍塔（Victor Horta，1861—1947 年）于 1893 年设计的。

### 2.5.1　巴塞罗那的居埃尔公园

西班牙建筑师安东尼・高迪（Andonni Graudi，1852—1926 年）虽被归纳为新艺术派的一员，但他在建筑艺术形式的探新中却另辟蹊径。他与比利时新艺术运动并没有渊源上的联系，但在方法上却有一致之处。他的作品大胆、特异，极富浪漫夸张的热情气氛，在建筑史中可以说无人能出其右。

1900 年，居埃尔伯爵委托高迪设计一个中产阶级的市郊住宅区，地点在当时巴塞罗那市区北郊。

这个住宅区计划没有实现，却建成了一个公园——居埃尔公园（图 2.5.2）。高迪把这一大片山地划分成十几块单独的地块，并用大圆石作了标记，接着浩大的建筑工程就开工了。正是在居埃尔公园这里，高迪成功地将大自然与建筑有机地结合成一个完美的整体。这里的一切——小桥、道路和镶嵌着彩色瓷片的长椅，都蜿蜒曲折，好像漂荡流动着似的，构成诗一般的意境。高迪的设计意图是将公园设计成为未来居民休憩场所的中央广场，建有柱廊，但其中的柱子没有一根是笔直的，全像天然森林中的树干。

图 2.5.2　居埃尔公园

在这座居埃尔公园中，高迪再次将他对“自然秩序”的理解以其独有的方式加以阐释。公园的主体是一座由 69 根粗大的多立克柱支撑的大厅，这些柱子本身是相当规范的，但它们所支撑的檐部（下方是一只蜥蜴）却不规则地弯曲着，天花板上仿若生长出起伏不定的钟乳石。大厅的屋顶被处理成由蜿蜒的女儿墙围合的平台，女儿墙朝内的一侧是可供坐倚的长凳，表面覆以色彩艳丽的陶瓷和玻璃碎片，构成了居埃尔公园最神奇的特色。这样的装饰令人联想到西班牙中世纪伊斯兰文化与基督教文化融合的特殊历史，对这种民族主义风格的表现，也正是从工艺美术运动到新艺术运动的主要内容之一。

公园的设计处处能给人带来惊喜。整座公园像一个童话世界，又像一件悬挂在空中的巨型艺术作品。即使高迪不曾建造任何其他建筑，单单这座公园就足以使他名垂青史了。居埃尔公园从建筑艺术上说是一个伟大的成就，但从经济上说却是一大失败。园内规划为私人住宅建筑用地的 16 块土地，仅售出了一块。原因很简单，巴塞罗那人不想天天爬山越岭。

## 2.5.2　巴塞罗那的巴特罗公寓和米拉公寓

1905 年起，高迪先后创作了巴特罗公寓（图 2.5.3）和米拉公寓，这标志着高迪风格到达成熟的顶峰。在这两座建筑中，巨大的石块被仔细加工成仿佛经历过千万年海水侵蚀的岩崖，又或如久已荒废的采石场。它们有着骨骼化石般的柱子、海藻般的阳台、犰狳背脊般布满鳞甲的屋顶和岩洞般的内部。

米拉公寓是高迪设计的最后一个私人住宅，占地 1323m$^2$，有 33 个阳台，150 扇窗户，3 个采光中庭（2 个大中庭，1 个小天井），6 层住宅，加顶层阁楼，1 个地下停车场，共有 3 个门面。两个正门入口，一个在格拉西亚大道上，一个在普罗班萨街上。米拉公寓的特点主要有以下几点：

图 2.5.3　巴特罗公寓

（1）米拉公寓的外观呈波浪形（图 2.5.4），是由白色的石材砌出的外墙、扭曲回绕的铁条、铁板构成的阳台栏杆和宽大的窗户组成的。这样的设计可让人发挥想象力，有人觉得像非洲原住民在陡峭的悬崖上建造类似洞穴的住所，有人觉得像海浪，有人觉得像退潮后的沙滩，有人觉得像蜂窝的组织，有人觉得像

图 2.5.4　米拉公寓

图 2.5.5　米拉公寓中庭

熔岩构成的波浪，有人觉得像蛇窟，有人觉得像沙丘，有人觉得像寄生虫巢穴等。

（2）米拉公寓的内部空间（图 2.5.5），每一户都能双面采光，光线从采光中庭和外面街道照射进来，房间的形状也几乎全是圆形设计，天花板、窗户、走廊等很少有方形。

（3）米拉公寓的屋顶高低错落、墙面凹凸不平，到处可见蜿蜒起伏的曲线，整座大楼宛如波涛汹涌的海面，富于动感。高迪还在米拉公寓房顶上造了一些奇形怪状的突出物，有的像披上全副盔甲的军士，有的像神话中的怪兽，有的像教堂的大钟。其实，这只是特殊形式的烟囱和通风管道。

（4）米拉公寓的设计带有一些宗教色彩。在它的外墙高处可以看到一个字母 M，代表圣母玛利亚 Maria，还可以看到一朵玫瑰浮雕，既代表圣母玛利亚（Virgen del Rosario / Our Lady of the Rosary），也代表米拉夫人的名字 Roser。

米拉公寓设计的特点是它本身建筑物的重量完全由柱子来承受，不论是内墙外墙都没有承受建筑本身的重量，建筑物本身没有主墙。所以，内部的住宅可以随意隔间改建，而且可以设计出更宽大的窗户，保证每个公寓的采光。在高迪看来，建筑早已不再是用冷冰冰的石头通过精密计算的僵硬产物，而是充满了无穷的力量和无尽的生命，是真正的上帝的造物。

“直线属于人类，曲线属于上帝”是高迪坚定不移的信条。高迪的建筑过于奇特，他把建筑形式的艺术表现性放在了首位，很少考虑经济效益、技术的合理性、施工效率等问题。因此，在当时高迪和他的建筑并未受到很大的重视，直到 20 世纪后期，他才被推崇到极高的地位，甚至被视为后现代主义建筑的“试金石”。

新艺术运动在建筑上的革新主要局限于艺术形式和装饰手法，它未能真正解决建筑形式与内容的关系、建筑艺术与新技术结合的问题。因此，新艺术运动流行一时之后就逐渐衰落，仅存在了短暂的 20 余年时间，但它对 20 世纪前后欧美各国在新建筑探求方面的影响却是广泛而深远的。新艺术运动在本质上仍是一场装饰运动，未能从根本上影响建筑。但它用新的设计手法摆脱了折衷主义的外貌，是简化建筑形式过程中的一个有力尝试。

微课视频

芝加哥学派

## 2.6　芝加哥学派

19 世纪末，小镇芝加哥随着美国的西部开发而飞速发展起来，人口快速膨胀等问题随之而来，建造高层建筑势在必行，而且有利可图。尤其是 1871 年芝加哥市大火，市中心 1/3 的建筑被烧毁，城市问题尤为突出。仅在 1880—1890 年的 10 年间，芝加哥的人口猛翻一番，超过了 100 万人，城市的地价更是从每英亩[1] 13 万美元猛增到每英亩 90 万美元。在这样巨大的人口和地价压力下，摩天大楼的建造成为唯一的选择。这时，四面八方的建筑师云集芝加哥，积极探讨建筑现代化重建，并以高层建筑来解决土地缺乏问题。在以钢铁、混凝土、框架技术建造“摩天楼”的过程中，培养了新一代的建筑师，追求功能主义建筑的芝加哥学派应运而生。

芝加哥学派在 19 世纪建筑探新运动中起着一定的促进作用。首先，它突出了功能在建筑设计中的主要地位，明确了功能与形式的主从关系，力求摆脱折衷主义的羁绊，为现代建筑摸索了道路；其次，它探讨了新技术在高层建筑中的应用，并取得了一定的成就，使芝加哥成为了高层建筑的故乡；最后，建筑艺术反映了新技术的特点，消减或取消多余的装饰，简洁的立面符合于新时代工业化的精神。

路易斯·沙利文（1856—1924 年），是芝加哥学派的理论家和中坚人物、美国现代建筑的先驱，对世界的高层建筑设计有着重大的影响，他独自或与人合作设计的高层建筑有 100 多栋，最重要的作品有芝加哥施莱辛格与迈耶百货公司大楼、芝加哥会议大楼等。沙利文在建筑理论上有着自己独特的见解，是第一个提出“形式追随功能”设计原则的建筑家，并且对新材料、新技术有强烈的信心。他说：“自然界中的一切东西都具有一种形状，也就是说有一种形式，一种外部的造型，于是就告诉我们，这是些什么，以及如何和别的东西互相区别开来。”因此，导致他对建筑的结论，就是要每个建筑物都有适合的形式，这才是建筑创作的目的。他认为世界上一切事物都是“形式永远随从功能，这是规律”。同时，他还进一步强调他的主张：“功能不变，形式就不变。”

沙利文的代表作芝加哥 C.P.S 百货公司大厦（1899—1904 年）（图 2.6.1），建筑高 12 层，立面采用了典型的“芝加哥窗”形式的网格式处理手法，充分利用和体现出钢铁框架结构的优点，框架的方格网成为立面的基本构图，但在底层和入口处使用了铁质装饰，图案相当复杂，窗户周边也有细巧的花式（图 2.6.2）。

图 2.6.1　C.P.S 百货大楼外观

图 2.6.2　C.P.S 百货大楼底层装饰

[1] 1 英亩 ≈ 4047m$^2$。

为了发展高层办公楼建筑的典型形式，沙利文为建筑师规定了这种建筑类型在功能上的特征：第一，地下室要包括有锅炉间和动力、采暖、照明的各项机械设备；第二，底层主要是用于商店、银行或其他服务设施，内部空间要宽敞，光线要充足，并有方便的出入口；第三，二层要有直通的楼梯与底层联系，可以是底层功能的延续，楼上空间分隔自由，在外部有大面积的玻璃窗；第四，二层以上都是相同的办公室，柱网排列相同；第五，顶层空间作为设备层，包括水箱、水管、机械设备等。鉴于上述情形，沙利文考虑到，高层建筑外形应分成三段：底层与二层形成一个整体，因为它们的功能是相似的；二层以上是各层办公室，外部处理通常都是开成一个个的窗子；顶部设备层可以有不同的外貌，因为窗户较小，按照传统的习惯，还可以加一条压檐。

沙利文的思想在当时具有一种革命的意义。他认为一座建筑应该从内而外去设计，相似的办公室必须反映与结构的一致性。这和同时期流行的折衷主义设计要求完全不同，折衷主义按传统的历史样式设计，不考虑功能特点。他也是美国历史上公开反对折衷主义的第一位建筑家，在建筑史上地位显赫。沙利文在结构承重设计方面突破传统，采用钢结构取代传统受力墙，创造了高层建筑的基本模式。他强调建筑装饰的非工业化因素，采用自然主义的题材修饰建筑，反对设计上单纯的机械理性，强调审美的重要意义。除了“形式追随功能”的总结，沙利文因达尔文的生物进化论而推演出建筑的进化论和有机观念，并且主张建筑应在继承传统的基础上发展变化，并应与整个大环境协调。

但是，芝加哥学派并不能摆脱当时社会条件的局限，所有这些成就只能成为资本家作为追逐利润的投机手段。因此，芝加哥学派的建筑多半集中在市中心一带，昂贵的地价迫使它们不断向高层发展，随之而来的是严重的城市卫生与交通问题。1893 年，芝加哥国际博览会折衷主义全面复活，“芝加哥学派”建筑被认为是在特殊地点和特殊时间为解燃眉之急的权宜之计，终将昙花一现。

## 2.7　维也纳学派和“分离派”

微课视频

维也纳学派——瓦格纳

在新艺术运动的影响下，奥地利形成了以奥地利著名建筑师奥托·瓦格纳（Otto Wagner，1841—1918 年）为首的维也纳学派。瓦格纳早年擅长设计文艺复兴样式的建筑，后来在工业时代的影响下，逐渐形成了新的建筑理论观点。1895 年，他在其著作《现代建筑》一书中指出，新结构、新材料必将导致新建筑形式的出现，并反对历史样式的重演。他的建筑作品推崇整洁的墙面，水平的线条和平屋顶，认为从建筑功能与结构形象中产生的净化风格具有强大的表现力。

瓦格纳的代表作品是维也纳的地下铁道车站（图 2.7.1）和维也纳邮政储蓄银行。虽然车站还保留着具有新艺术派特点的铁花装饰，但在这座邮政银行大厅里，却线条简洁，所有的装饰均已被废除，玻璃和钢材被用来为现代结构理论服务。

维也纳邮政储蓄银行（图 2.7.2）整个建筑立面对称，墙面划分严整，虽带有文艺复兴建筑的敦厚风貌，但墙面装饰与线脚已大为简化。银行营业大厅采用的纤细铆钉裸露着，墙面与柱不加任何装饰，空间白净明亮，充满了现代感。

瓦格纳的理论观点对他的学生产生了很大的影响。1897 年，他的学生奥别列兹、霍夫曼等人与画家克里姆特、设计师莫瑟等一批年轻的艺术家组成了一个名为“分离派”的团体，提出口号“为时代的艺术——艺术应得的自由”。他们反对多余的装饰，认为艺术构图应以几何形体组合为主。至此开始逐渐形成了以直线和简单几何形体为共同特征的艺术风格。

图 2.7.1　维也纳的地铁车站

图 2.7.2　维也纳邮政储蓄银行

1898 年，奥别列兹设计的维也纳分离派会馆（图 2.7.3）是分离派的典型代表作品。他在设计中用简单的立方体、整洁的墙面、水平的线条和平屋顶构成了厚重的建筑主体，同时运用横与纵、方与圆、明与暗、石材与金属的对比形成视觉变化。整个会馆建筑看起来庄重、典雅，最大的特征就是屋顶上方四个短塔之间架起的金色圆顶，由一片片金色的月桂叶组成，表现出新艺术运动的特点。

在维也纳的另一位建筑师路斯（Adolf Loos，1870—1933 年）是对建筑理论有独到见解的人。他主张建筑应以实用为主，反对把建筑列入艺术范畴，并竭力反对装饰。路斯认为“建筑不是依靠装饰而是以形体自身之美为美”。路斯的思想反映了当时在批判“为艺术而艺术”中的另一个极端。他的代表作品斯坦纳住宅（图 2.7.4），建于 1910 年的维也纳。建筑外部已经完全没有装饰，建筑成为简洁的立方体组合，门窗也都是长方形，但是强调墙面与窗等各部分的比例关系。

图 2.7.3　维也纳分离派会馆

图 2.7.4　维也纳斯坦纳住宅

# 2.8　德意志制造联盟

微课视频

德意志制造联盟——彼得·贝伦斯

19 世纪末，德国的工业化水平迅猛发展，赶超英国和法国，跃居欧洲第一位。为了进一步争夺国际市场，德国特别注意改进工业产品的质量，而改进产品的设计就是重要的一环。德意志制造联盟是德国现代设计发展重要的里程碑。1907 年，德意志制造联盟成立于慕尼黑，由企业家、艺术家、设计师、技术人员等组成，其目的在于共同推动设计改革，提高工业产品的质量。

1868 年生于德国汉堡的彼得·贝伦斯，是联盟中建筑领域的代表人物。他认为建筑应当是真实的，建筑要符合功能的要求，并在建筑中表现出现代结构的特征，从而产生前所未有的新形式。1909 年，在柏林的彼得·贝伦斯，为德国通用电气公司设计了透平机制造车间（图 2.8.1）。车间的屋顶由三铰拱构成，避免了采用柱子承重，为开敞的大空间创造了条件；柱间为大面积玻璃窗，以满足生产车间对充足采光的要求；山墙的上部轮廓呈多边形，与内部钢屋架的轮廓一致。这座工业建筑造型简洁，摒弃了任何的可附加装饰，为探求新建筑起到了一定的示范作用，成为现代建筑史上的一个里程碑，被称为第一座真正的“现代建筑”。

图 2.8.1　德国通用电气公司透平机制造车间

设计师贝伦斯不仅对现代建筑设计有一定的贡献，而且还培养了不少人才。著名的第一代现代建筑大师格罗皮乌斯、密斯·凡·德·罗、勒·柯布西耶都先后在贝伦斯的建筑事务所工作过，这为他们后来的发展奠定了基础。

# 2.9　西方现代艺术运动

20 世纪初，欧美的文化繁荣带来了一系列的艺术改革运动。这场丰富多彩的革命性艺术运动，对传统艺术进行了全面的改革。它不仅仅改变了艺术的表现形式，也从价值观、目的对象和思想内涵上改变了艺术的内容，被称为现代艺术。

19 世纪以来，工业化急剧发展，出现了社会生活的巨大改变和意识形态的巨大改变。1914—1918 年第一次世界大战爆发，战争造成城市破坏、房屋坍塌、经济困难的同时也给人们留下了严重的精神创伤，这一切给欧洲的政治、经济和社会思想状况都带来了巨大的变化。这时期，古典复兴虽仍流行，但却越来越不合时宜。物质文明条件下“机器美学”的产生，各种政治思想的刺激，加上自 19 世纪以来艺术服务对象改变后快速膨胀的个人主义、表现主义趋势，终于在 20 世纪初酝酿出这场宏大的艺术革新运动。

这场艺术运动主要包含了两个方面的内容：一方面是艺术上的虚无主义和无政府主义的表现，只强调艺术家个人表现和心理感受，如表现主义、超现实主义；另一方面是表达对新时代“真实性”的理解，如立体主义、构成主义、风格派；还有一类兼有两种内容的艺术流派，如未来主义、达达主义等。在众多艺术流派中，对现代设计产生深刻影响的主要有立体主义、未来主义、表现主义、构成主义和风格派。

## 2.9.1 立体主义

立体主义产生并形成于第一次世界大战前夕的法国，它的基本原则是用几何图形（圆柱体、圆锥体、立方体、球体等）来描绘客观世界。立体主义的创始人给立体主义下了这样一个定义：“把我们所看到的一切，只是作为一系列各种不同平面、表面的一定分割来理解，这就是立体主义。”毕加索（Pablo Picasso，1881—1973年）（图 2.9.1）是立体主义的代表人物之一。在 1909—1913 年间的解析立体主义阶段，毕加索对自然主义的题材进行了抽象（图 2.9.2）。综合立体主义阶段，他更加强烈地趋向于与机器美学相联系的几何化。这场艺术运动可以说是 20 世纪初一系列现代主义艺术运动的核心和源头。它强调对于对象的分析和重构，并将组合规律化、体系化，这为现代建筑设计和其他设计提供了形式基础。

图 2.9.1 毕加索

图 2.9.2 毕加索画作《格尔尼卡》

## 2.9.2 未来主义

未来主义是第一次大战之前出现于意大利的一个文学艺术思想流派。1909 年，意大利作家马里内蒂（F.T.Marinetti，1876—1944 年）在“未来主义宣言”中宣扬工厂、机器、火车、飞机等的威力，赞美现代大城市，对现代城市生活的运动、变化、速度和节奏表示欣喜。未来主义否定文化艺术规律和一切传统，宣称要创造一种全新的未来艺术。

未来主义对现代建筑的影响巨大，并直接产生了对应的建筑流派，代表人物是安东·桑蒂里亚（Antonio Sant-Elia，1888—1916 年）。1912—1914 年间，桑蒂里亚画了一系列以“新城市”为题的未来城市和建筑想象图（图 2.9.3、图 2.9.4），设计了地面、地下、空中多层的完善公共交通系统，设计充满了高技术的工业化细节。1914 年 5 月，这些作品的其中一部分在名为“新趋势”的团体所举办的展览会上展出，同时桑蒂里亚发表了《未来主义建筑宣言》。第二次世界大战后，欧洲国家重建，部分或全部地采用了他的规划，所以这位未来主义建筑家是现代建筑的奠基人之一。

微课视频

立体主义
——毕加索

图 2.9.3　桑蒂里亚的未来城市

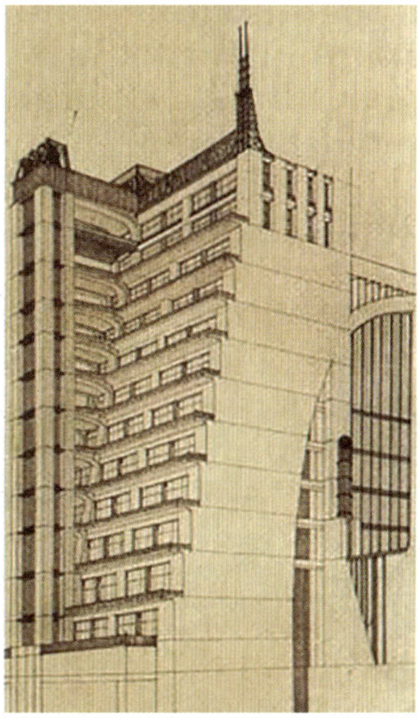

图 2.9.4　桑蒂里亚的建筑想象图

未来主义并没有实际的建筑作品，但未来主义的建筑思想却对一些建筑师产生了很大的影响。直到 20 世纪后期，还能在一些著名的建筑作品中看到未来主义建筑的思想火花，比如巴黎蓬皮杜艺术与文化中心（图 2.9.5）、香港汇丰银行（图 2.9.6）等。

图 2.9.5　巴黎蓬皮杜艺术与文化中心

图 2.9.6　香港汇丰银行

## 2.9.3　表现主义

20 世纪初在德国、奥地利首先产生了表现主义的绘画、音乐和戏剧。表现主义者认为艺术的任务在于表现个人的主观感受和体验。例如，画家心目中认为天空是蓝色的，他就会不顾时间地点，把任何天空都画作蓝色的。绘画中的马，有时画成红色的，有时又画成蓝色的，一切都取决于画家主观

图 2.9.7 德国波茨坦市爱因斯坦天文台

“表现”的需要，以期把内心世界的某种情绪或思想表现出来，并借助奇特的形式来挑动观者的情绪，包括恐怖、狂乱的心理感受。

在这种艺术观点的影响下，第一次世界大战后出现了一些表现主义的建筑，这一派的建筑师常常采用奇特、夸张的建筑体形来表现某些思想情绪，象征某种时代精神。例如，某电影院的室内天花上做出许多下垂的券形花饰，使观众如同身临挂满钟乳石的洞窟之中；某轮船协会的大楼上做出许多象征轮船的几何图案。

德国波茨坦市爱因斯坦天文台（图 2.9.7）是最具代表性的表现主义建筑。建于 1921 年，是德国建筑师孟德尔松（Eric Mendelsohn，1887—1953 年）设计完成的。

1917 年，爱因斯坦提出了广义相对论，这座天文台就是为了验证相对论而建造的。对于一般人来说，它既新奇又神秘。孟德尔松在爱因斯坦天文台的设计中抓住这一印象，把它作为建筑表现的主题。他用混凝土和砖塑造了一座混混沌沌的、多少有些流线型的体形，上面开出一些形状不规则的窗洞，墙面上还有一些莫名其妙的突起。建筑物上部的圆顶是一个天文观测室，下面则是若干个天体物理实验室。整个建筑造型奇特，难以言状，给人一种匪夷所思、神秘莫测的感受，正吻合了一般人对相对论的印象。

表现主义的建筑师主张革新，反对复古。但他们是用一种新的表面的处理手法去替代旧的建筑样式，同建筑技术与功能的发展没有直接的关系，甚至与建筑技术和经济的合理性相左。它在第一次世界大战后的初期时兴过一阵，不久就消退了。

## 2.9.4 风格派

第一次世界大战期间，荷兰作为中立国，其建筑与艺术活动继续繁荣。一些青年艺术家，如画家皮特・科内利斯・蒙德里安（Piet Cornelies Mondrain，1872—1944 年）、建筑师里特维尔德（Gerrit Rietveld）等人组成了一个造型艺术团体，1917 年出版名为《风格》的期刊，因此得名“风格派”。

风格派强调艺术需要抽象和简化，以寻求“纯洁性、必然性和规律性”，认为最好的艺术就是基本几何形体的组合和构图。蒙德里安的绘画典型地体现了风格派的视觉语言。他认为，绘画是由线条和颜色构成的，所以线条和色彩是绘画的本质，应该允许独立存在。只有用最简单的几何形式和最纯粹的色彩组成的构图，才是有普遍意义的永恒绘画。因此，他的作品仅用三原色色块以及非彩色的黑、白、灰色来表达（图 2.9.8）。

图 2.9.8 蒙德里安作品

风格派建筑的代表作是施罗德住宅（图 2.9.9），

图 2.9.9 施罗德住宅外部

图 2.9.10 施罗德住宅内部

最能代表风格派的建筑特征。该建筑由建筑师里特维尔德设计，位于荷兰乌德勒支市郊。其最显著的特点是各个部件在视觉上的相互独立。建筑师通过使用构件的重叠、穿插以及原色来强调不同构件的特点，创造了一个开放和灵巧的建筑形象。室内陈设也体现了与室外一样的灵活性，楼层平面中唯一固定的东西就是卫生间和厨房（图 2.9.10）。因而，空间可以自由划分，适用于不同的使用要求，外部的色彩设计也同样用在室内，以色彩来区分不同的部件，又富于装饰意味。这所住宅的设计可以说是蒙德里安绘画的立体化。

# 第3章 西方现代主义建筑

## 3.1 沃尔特·格罗皮乌斯

### 3.1.1 沃尔特·格罗皮乌斯

沃尔特·格罗皮乌斯（1883—1969 年）是德国现代建筑师和建筑教育家，现代主义建筑学派的倡导人和奠基人之一，公立包豪斯（Bauhaus）学校的创办人（图 3.1.1）。1883 年 5 月 18 日生于柏林，1969 年 7 月 5 日卒于美国波士顿。

图 3.1.1 沃尔特·格罗皮乌斯

1903—1907 年格罗皮乌斯就读于慕尼黑工学院和柏林夏洛滕堡工学院。1907—1910 年在柏林建筑师贝伦斯的建筑事务所任职。1910—1914 年自己开业，同迈耶合作设计了他的两座成名作：法古斯工厂和 1914 年在科隆展览会展出的示范工厂和办公楼。

1919 年格罗皮乌斯任公立包豪斯学校校长，1928 年同柯布西耶等组织国际现代建筑协会，1929—1959 年任副会长。1934 年离德赴英开业。1937 年到美国定居，任哈佛大学建筑系教授、主任。1952 年起任荣誉教授，参与创办该校的设计研究院。

格罗皮乌斯在美国广泛传播包豪斯的教育观点、教学方法和现代主义建筑学派理论，促进了美国现代建筑的发展。第二次世界大战后，他的建筑理论和实践为各国建筑学界所推崇。20 世纪 50—60 年代，他获得英国、联邦德国、美国、巴西、澳大利亚等国建筑师组织、学术团体和大学授予的荣誉奖、荣誉会员称号和荣誉学位。

图 3.1.2 发古斯工厂

格罗皮乌斯积极提倡建筑设计与工艺的统一、艺术与技术的结合，讲究功能、技术和经济效益。他的建筑设计讲究充分的采光和通风，主张按空间的用途、性质、相互关系来合理组织和布局，按人的生理要求、人体尺度来确定空间的最小极限等。图 3.1.2 为格罗皮乌斯于 1911 年设计建造的发古斯工厂。

格罗皮乌斯提出利用机械化大量生产建筑构件和预制装配的建筑方法，还提出一整套关于房屋设计标准化和预制装配的理论和办法。格罗皮乌斯发起组织现代建筑协会，传播现代主义建筑理论，对现代建筑理论的发展起到一定作用，其代表作是 1965 年完成的《新建筑学与包豪斯》。

## 3.1.2　包豪斯

20 世纪初，一批建筑师提出了比较系统和彻底的建筑改革主张，把新建筑运动推向了前所未有的高潮——现代建筑运动。现代主义建筑包括两方面的内容：一是以格罗皮乌斯、密斯、柯布西耶、包豪斯为代表的理性主义建筑、功能主义建筑，称为欧洲的“现代建筑”；二是以美国赖特为代表的有机建筑。

“现代建筑”强调建筑的时代性，反对模仿历史的风格。发挥新材料、新结构的特点，把建筑艺术和建筑技术结合起来。它认为建筑的精华在于空间，建筑美在于建筑本身，而不在于附加的装饰。现代主义建筑重视建筑的经济性。

包豪斯（Bauhaus）是 20 世纪初在德国创办的建筑及产品设计学校。它的创始人是德国著名建筑家、设计理论家沃尔特·格罗皮乌斯（Walter Gropius）。包豪斯集中了 20 世纪初欧洲各国对于设计的新探索与实验成果，特别是荷兰风格派运动、苏联构成主义运动的成果，并加以发展和完善，成为集欧洲现代主义设计运动大成的中心，它把欧洲的现代主义设计运动推到一个空前的高度。它的出现对现代设计理论、现代主义设计教育和实践，以及后来的设计美学思想等方面而言，都具有划时代的意义。

20 世纪 30 年代末期，包豪斯的主要领导人物和大批学生、教员移居美国，发展成为一种新的设计风格——国际主义风格，从而又影响到全世界。包豪斯建立了一整套设计教学方法和体系，给后来的工业设计科学体系的建立、发展奠定了基础，影响到整个艺术设计学科。包豪斯遵循的设计思想和实践观点真正实现了技术与艺术的统一，形成了理性主义的设计原则，开创了面向现代工业的设计。包豪斯的产生和发展对现代主义设计的影响是巨大的，形成了系统的理论和方法，是现代设计教育的先驱。

### 3.1.2.1　包豪斯的发展

包豪斯前后经历了三个发展阶段。

第一阶段（1919—1925 年）魏玛时期。格罗皮乌斯任校长，提出“艺术与技术新统一”的崇高理想，形成艺术教育与手工制作相结合的新型教育制度。

第二阶段（1925—1932 年）德绍时期。包豪斯在德国德绍重建，并进行课程改革，实行了设计与制作教学一体化的教学方法，取得了优异成果。1928 年汉内斯·迈耶任校长，1930 年 L. 密斯·凡·德·罗任校长。1932 年 10 月纳粹党占据德绍后，被迫关闭包豪斯。

第三阶段（1932—1933 年）柏林时期。L. 密斯·凡·德·罗将学校迁至柏林，直到 1933 年 8 月宣布包豪斯永久关闭。

### 3.1.2.2　包豪斯成立宗旨

BauHaus 这个词是由德语动词 bauen 建筑和名词 haus 组合而成，粗略地理解为“为建筑而设的学校”反映了其创建者心中的理念：确立建筑在设计论坛上的主导地位；把工艺技术提高到与视觉艺术平等的位置，从而削弱传统的等级划分；响应了 1907 年建于慕尼黑的“德国工业同盟”的信条，即通过艺术家、工业家和手工业者的合作而改进工业制品。

课件

西方现代主义建筑

微课视频

沃尔特·格罗皮乌斯

3.1.2.3 包豪斯的影响

包豪斯创建了现代设计的教育理念，取得了在艺术教育理论和实践中无可辩驳的卓越成就。无论是在建筑学、美术学、工业设计，包豪斯都占有主导地位。包豪斯经过设计实践，形成了重视功能、技术和经济因素的正确的设计思想，其设计思想的核心是：设计的目的是功能，而不是产品；艺术与技术的新统一；必须遵循自然与客观法则。

## 3.1.3 包豪斯校舍

1926 年在德国德绍建成的一座建筑工艺学校新校舍（图 3.1.3）。设计者为包豪斯校长、德国建筑师格罗皮乌斯。设计者创造性地运用现代建筑的设计手法，从建筑物的实用功能出发，按各部分的实用要求及其相互关系定出各自的位置和体型。利用钢筋、钢筋混凝土和玻璃等新材料以突出材料的本色美。在建筑结构上，充分运用窗与墙、混凝土与玻璃、竖向与横向、光与影的对比手法，使空间形象显得清新活泼、生动多样。尤其通过简洁的平屋顶、大面积的玻璃窗和长而连续的白色墙面产生的不同的视觉效果，给人以更独特的印象。该校舍以崭新的形式，与复古主义设计思想划清了界限，被认为是现代建筑中具有里程碑意义的典范作品。它遵从时代的发展、科学的进步与民众的要求，适应大规模的工业化生产，开创了一种新的建筑美学与建筑风格（图 3.1.4 ~ 图 3.1.8）。

图 3.1.3 包豪斯新校舍

图 3.1.4 格罗皮乌斯住宅

图 3.1.5 教员住宅

图 3.1.6 包豪斯入口内部

图 3.1.7 包豪斯东南部分

图 3.1.8 包豪斯剧院内部

# 3.2 勒·柯布西耶

微课视频

勒·柯布西耶

勒·柯布西耶（图 3.2.1）提出了新建筑设计的原则，以下五个要点构成了柯布西耶新建筑美学的基础：

（1）用细柱抬高建筑离开地面，让连续的绿地在建筑下面通过。

（2）由于城市中地面已经被建筑充满了，将把公园抛向天空作有效的屋顶花园。

（3）由大柱距的空间结构体系必然带来开敞式的平面布局，其中可以安装隔断来划分空间。

（4）矩形窗不受柱距开间尺寸的限制，采光面积更为有效。

（5）外墙不承重，自由开闭的幕墙和隔断满足功能与美观的需要。

图 3.2.1　勒·柯布西耶

这就是新建筑的“五要素”：底层的独立支柱、屋顶花园、自由平面、自由立面、横向长窗。萨伏伊别墅正是勒·柯布西耶提出的这“五要素”的具体体现，甚至可以说是最为恰当的范例，对建立和宣传现代主义建筑风格影响很大。

柯布西耶强调建筑的艺术性，他既是理论主义者，又是浪漫主义者。提出了“光明城市”理论，其核心是建筑不再是没有生命的、孤立的存在，而是与社区大环境汇合成一个有机体，形态上是协调的，功能上是延续的，空间上是互补的、融会的，两者是动态的、和谐的统一。

## 3.2.1 萨伏伊别墅

萨伏伊别墅（1929—1930 年）是现代主义建筑的经典作品之一，位于巴黎近郊的普瓦西，于 1928 年设计，1930 年建成，使用钢筋混凝土结构。简单的柏拉图形体和平整的白色粉刷的外墙，简单到几乎没有任何多余装饰的程度，唯一可以称为装饰部件的是横向长窗，这是为了能最大限度地让光线射入（图 3.2.2）。

图 3.2.2　萨伏伊别墅

萨伏伊别墅基地是位于普瓦西的一片开阔地带，中心略微隆起。地段为 12 英亩，宅基为矩形，长约 22.5m，宽为 20m，共三层。底层为架空层，三面透空，内有门厅、车库和仆人用房，是由弧形玻璃窗所包围的开敞结构；二层有起居室、卧室、

图 3.2.3　萨伏伊别墅卫生间

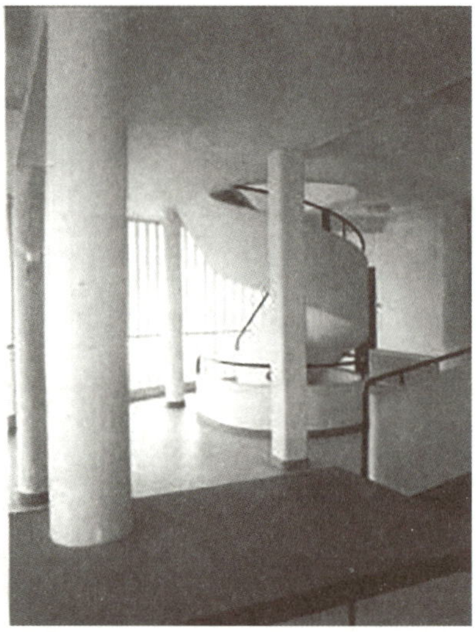

图 3.2.4　萨伏伊别墅入口大厅

厨房、餐室、屋顶花园和一个半开敞的休息空间；三层为主卧室和屋顶花园。各层之间以螺旋形的楼梯和折形的坡道相连，建筑室内外都没有装饰线脚，用了一些曲线形墙体以增加变化（图 3.2.3、图 3.2.4）。

萨伏伊别墅深刻地体现了现代主义建筑所提倡的新的建筑美学原则。表现手法和建造手段的相统一，建筑形体和内部功能的配合，建筑形象合乎逻辑性，构图上灵活均衡而非对称，处理手法简洁，体型纯净，在建筑艺术中吸取视觉艺术的新成果等，它代表了进步、自然和纯粹，体现了建筑最本质的特点。

## 3.2.2　马赛公寓

马赛公寓又称“马赛住宅”或者“联合住宅”，是一个 18 层的长方形钢筋混凝土“盒子”，一共有 23 种不同类型的格局，可供 1800 人居住，完成于 1952 年。它的居住单位基本都是两层，也就是我们称为“复式结构”布局。建筑下部采用粗壮的 V 型钢筋混凝土支撑，建筑外边完全留下水泥浇注木模板的痕迹，是柯布西耶的个人设计特征。

马赛公寓的外观是大量重叠的阳台，阳台的侧面墙上涂了红、绿、黄等鲜艳的色彩。地面架空层支柱上粗下细，并把每组双柱叉开成梯形，混凝土表面不做粉刷，留有木模板的木纹和接缝，显得粗犷有力。

马赛公寓体现了柯布西耶的“新建筑”的 5 个特征。柯布西耶运用文艺复兴时期达・芬奇的人文主义思想，演变出一套“模数”系列，这套“模数”以男子身体的各部分尺寸为基础形成了一系列接近黄金分割的定比数列，他套用“模数”来确定建筑物的所有尺寸。

马赛公寓代表柯布西耶对于住宅和公共住居问题研究的高潮点，结合了他对于现代建筑的各种思想，尤其是关于个人与集会之间关系的思考（图 3.2.5）。

图 3.2.5　马赛公寓

## 3.2.3　朗香教堂

朗香教堂又译为“洪尚教堂”，位于法国东部索恩地区距瑞士边界几英里的浮日山区，坐落于一座小山顶上，

1950—1953 年设计建造，1955 年落成。朗香教堂的设计对现代建筑的发展产生了重要影响，被誉为 20 世纪最为震撼、最具有表现力的建筑。

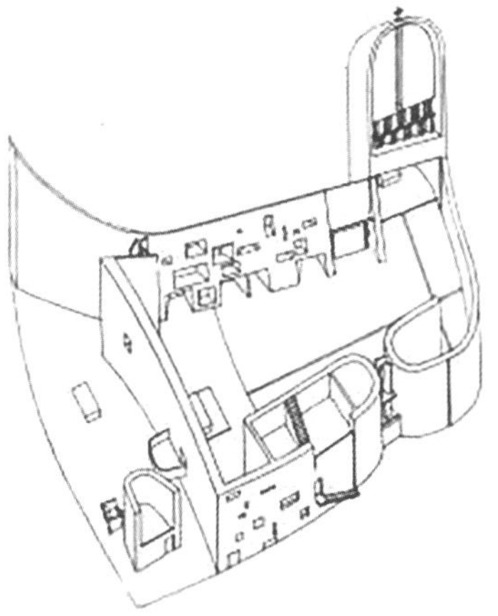

图 3.2.6　朗香教堂轴侧图

朗香教堂是柯布西耶在第二次世界大战后的重要作品，代表了柯布西耶创作风格的转变，在朗香教堂的设计中，柯布西耶脱离了理性主义，转到了浪漫主义和神秘主义（图 3.2.6）。

朗香教堂造型奇异，平面不规则；墙体几乎全是弯曲的，有的还倾斜；塔楼式的祈祷室的外形像座粮仓；沉重的屋顶向上翻卷着，它与墙体之间留有一条 40cm 高的带形空隙；粗糙的白色墙面上开着大大小小的方形或矩形窗洞，上面嵌着彩色玻璃；入口在卷曲墙面与塔楼交接的夹缝处；室内主要空间也不规则，墙面呈弧线形，光线透过屋顶与墙面之间的缝隙和镶着彩色玻璃的大大小小的窗洞投射下来，使室内产生了一种特殊的气氛（图 3.2.7）。

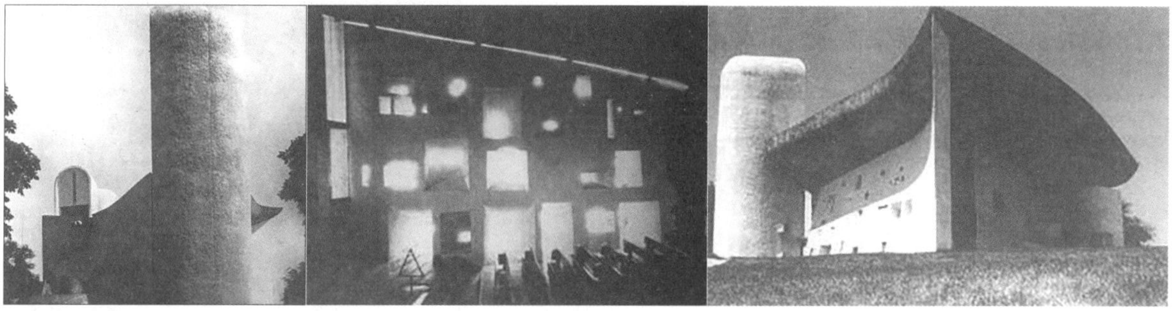

图 3.2.7　朗香教堂

## 3.3　密斯·凡·德·罗

微课视频

密斯·凡·德·罗

1886 年，密斯生于德国亚琛，后更名为密斯·凡·德·罗。于 1937 年移居美国，1938—1958 年任芝加哥阿莫尔学院（后改名“伊利诺工学院”）建筑系主任。

密斯·凡·德·罗的贡献在于通过对钢框架结构和玻璃在建筑中的应用的探索，发展了一种具有古典式均衡和极端简洁的风格。密斯建立了一种当代大众化的建筑学标准，他提出的“少就是多”的理念，集中反映了他的建筑观点和艺术特色，也影响了全世界（图 3.3.1）。

图 3.3.1　密斯·凡·德·罗

### 3.3.1　巴塞罗那博览会德国馆

巴塞罗那博览会德国馆由密斯·凡·德·罗设计，建于 1929 年，博览会结束后拆除。德国馆占地长约 50m，宽约 25m，由一个主厅、两间附属用房、两片水池、几道围墙组成。除少量桌椅外，没有其他展品。这一建筑是现代主义建筑最初的成果之一。它突破了传统砖石承重结构必然造成的封闭的、孤立的室内空间形式，采取一种开放的、连绵不断的空间划分方式。主厅用 8 根十字形断面的镀镍钢柱支承一片钢筋混凝土的平屋顶，墙壁因不承重而可以一片片地自由布置，形成一些既分隔又连通的空间，互相衔接、穿插，以引导人流，使人在行进中感受到丰富的空间变化。

德国馆在建筑形式的处理上也突破了传统砖石建筑的以手工业方式精雕细刻和以装饰效果为主的手法，而主要靠钢铁、玻璃等新建筑材料表现其光洁平直的精确的美、新颖的美，以及材料本身的纹理和质感的美。墙体和顶棚相接，玻璃墙也从地面一直到顶棚，而不像传统处理手法那样需要有过渡或连接部分，因此给人以简洁明快的印象。建筑物采用了不同色彩、不同质感的石灰石、缟玛瑙石、玻璃、地毯等，显出华贵的气派（图 3.3.2）。

德国馆在建筑空间划分和建筑形式处理上创造了成功的新经验，充分体现了设计人密斯·凡·德·罗的名言"少就是多"，用新的材料和施工方法创造出丰富的艺术效果（图 3.3.3）。

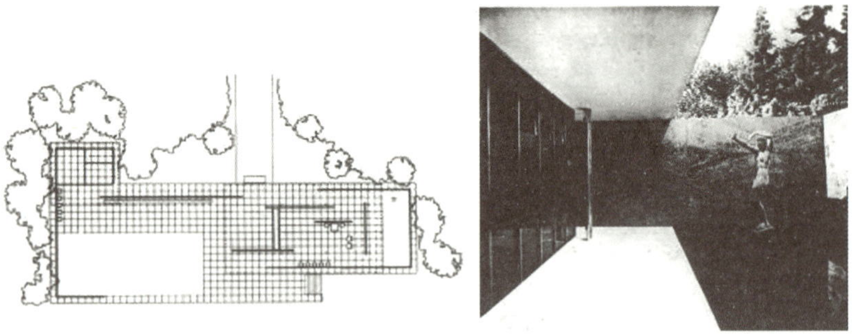

图 3.3.2　德国展览馆平面图及内部

图 3.3.3　德国展览馆

## 3.3.2　芝加哥湖滨公寓

芝加哥湖滨公寓是密斯在 1948—1951 年设计的早期高层建筑的代表作，由两座建筑组成，公寓由两幢 26 层高的"方盒子"组成，全部由钢和玻璃标准件构成，内部大空间可由住户随意进行灵活隔断，形成曲尺相交位置。公寓采用黑色钢铁和玻璃幕墙结构，并且以非常工业化的工字钢来强调工业感，暴露结构，简单到无以复加的地步。这个建筑奠定了以后国际主义风格高层建筑采用"双塔"的模式。这种形式的建筑成为以后美国以至全世界所流行的玻璃盒子式摩天楼的"样板"，被人们称为"密斯风格"（图 3.3.4）。

图 3.3.4　湖滨公寓

## 3.3.3　范斯沃斯住宅

范斯沃斯住宅是密斯早期国际主义风格最为突出的住宅设计，这是一个独户住宅，外形犹如一个长方形的"玻璃盒子"，内部仅设计了一个较小的封闭服务中心，把浴室、厕所这些设施放在里面，其他地方全部是敞开空旷的，白色钢铁构架，一共用 8 根钢柱支撑整个建筑，巨大的玻璃幕墙，从外面看建筑时完全可以一览无余，简单到无以复加的地步。这个建筑是密斯的国际主义风格达到了一个新高度的标志，“少就是多”原则体现的极为清晰，也标志着现代主义建筑向国际主义风格的转折点（图 3.3.5）。

图 3.3.5 范斯沃斯住宅

## 3.3.4 西格拉姆大厦

1952 年，密斯设计并建造了一幢 38 层的玻璃幕墙高层大厦——美国纽约的西格拉姆大厦。该大厦位于纽约曼哈顿区花园街，是一座豪华的办公楼，总高达 158m，建筑物底部除中央的交通设备电梯用地外，全部留作一个开放的大空间，外形极为简单方正，呈直上直下的正六面体。整座大楼按照密斯的一贯主张，采用刚刚发明的染色隔热玻璃作幕墙，这占外墙面积 75%的琥珀色玻璃，配以镶包青铜的铜窗格，使大厦在纽约众多的高层建筑中显得优雅华贵，与众不同。这个建筑是黑色长方形玻璃盒子，为 3m×5m 开间，在街道上退后 90 英尺，做了一个大楼前面的宽敞广场。垂直升降的窗帘设计了仅仅三种开合位置：完全打开、完全关闭、或者一半开合，体现出的形式都是工整划一的、方格式的。这个建筑是国际主义风格建筑的里程碑（图 3.3.6、图 3.3.7）。

图 3.3.6 西格拉姆大厦入口

图 3.3.7 西格拉姆大厦外观

## 3.4 弗兰克·劳埃德·赖特

弗兰克·劳埃德·赖特 1867 年生于威斯康星州，他的设计理念是对 20 世纪建筑和艺术的革新。赖特被称为是美国最伟大的建筑师，他的作品反映了对社会和人们需要的一种本能的关注和对自然、自然材料的追求。1959 年 4 月 9 日，赖特逝世于亚利桑那州，享年 91 岁。

赖特有机建筑的 6 个原则：①简练应该是艺术性的检验标准；②建筑设计应该风格多种多样，好像人类一样；③建筑应该与它的环境协调，他说“一个建筑应该看起来是从那里成长出来的，并且与周围的环境和谐一致”；④建筑的色彩应该和它所在的环境一致，也就是说从环境中采取建筑色彩因素；⑤建筑材料本质的表达；⑥建筑中精神的统一和完整性。

### 3.4.1 流水别墅

流水别墅是赖特为卡夫曼家族设计的别墅。在瀑布之上，赖特实现了“方山之宅”的梦想，悬的楼板锚固定在后面的自然山石中。主要的一层几乎是一个完整的大房间，通过空间处理而形成相互流通的各种从属空间，并且有小梯与下面的水池联系。正面在窗台与天棚之间是一金属窗框的大玻璃，虚实对比十分强烈。整个构思很大胆，成为无与伦比的世界最著名的现代建筑。

从流水别墅的外观，我们可以读出那些水平伸展的地坪、桥、便道、车道、阳台及棚架，沿着各自的伸展轴向，越过山谷而向周围凸伸，这些水平的推力，以一种诡异的空间秩序紧紧地集结在一起，巨大的露台扭转回旋，恰似瀑布水流曲折迂回地自每一平展的岩石突然下落一般，无从预料整个建筑看起来像是从地里生长出来的，但是它更像是盘旋在大地之上。这是一幢包含最高层次的建筑，也就是说，建筑已超越了它本身，而深深地印在人们意识之中以其具象创造出了一个不可磨灭的新体验（图 3.4.1）。

图 3.4.1 流水别墅外景

流水别墅的建筑造型和内部空间达到了伟大艺术品的沉稳、坚定的效果。这种从容镇静的气氛贯穿其间，力与反力相互集结之气势，在整个建筑内外及其布局与陈设之间。流水别墅的空间陈设的选择、家具样式设计与布置都独具匠心。赖特对自然光线的巧妙掌握，使内部空间仿佛充满了盎然生机，光线流动于起居的东、南、西三侧，最明亮的部分光线从天窗泻下，一直通往建筑物下方溪流崖隘的楼梯，隐约出现它们的倒影，流布在起居室空间之中。从北侧及山崖反射进来的光线和反射在楼梯的光线显得朦胧柔美。在心理上，这个起居室空间的气氛，随着光线的明度变化，而显现多样的风采。在材料的使用上，流水别墅也是非常具有象征性的，所有的支柱都是粗犷的岩石。另外，地坪使用的岩石，似乎出奇的沉重，尤以悬挑的阳台为最（图 3.4.2）。

微课视频

弗兰克·劳埃德·赖特

（a）流水别墅外景

（b）流水别墅入口

（c）流水别墅室内

图 3.4.2　流水别墅

## 3.4.2　约翰逊制蜡公司管理大楼

约翰逊制蜡公司管理大楼于 1939 年建成，是一座带着强烈流线风格的建筑作品。这个大型的办公建筑基本采用了外部封闭的方式，采光采用天窗，办公室空间完全敞开，内部不加分隔，采用下小上大的螺旋蘑菇形的钢筋混凝土柱支撑屋顶，具有一种特殊的有机形态。这个建筑采用封闭的方式把内部和外部隔开来，排出外部活动、车辆、噪声的干扰，形成一个单纯的人造内部环境。同时结合了这个时期流行的装饰艺术风格。整个建筑在外部几乎不设窗口，像一座封闭的城堡，给人以强烈的震撼感。这个建筑群也为赖特赢得非常高的国际声誉。

大楼内部的设计比较新颖，许多蘑菇状的钢筋混凝土承重柱布满整个建筑大厅。柱子的造型别具一格，由下向上逐渐变粗，一直延伸到6m高的空中，突然展开成为一个直径约为5.5m的圆形平面，构成完整的“蘑菇”。这样的设计不仅美化了建筑的内部环境，也使建筑使用空间达到了最大的利用价值。建筑的墙面设计成红砖饰面，带着流畅条纹的墙体。砖体之间的缝隙不仅整齐有序，且连续而流畅。为了让砖体缝隙同样保持流线线条，该建筑采用了200多种不同规格的定制砖。建筑流线型的面貌和周围荒凉的环境形成强烈的对比（图3.4.3）。

## 3.4.3 古根海姆博物馆

图3.4.3 约翰逊制蜡公司管理大楼

美国纽约市的所罗门·R.古根海姆博物馆坐落在一条街道的拐角处，看上去就像一条巨大的白色弹簧，建成于1959年。建筑物的外部向上、向外螺旋上升，内部的曲线和斜坡则通到6层。螺旋的中部形成一个敞开的空间，从顶层圆形玻璃采光。

古根海姆博物馆的外部非常朴实无华，只是将博物馆的名字装饰了一下。平滑的白色混凝土覆盖在墙上，使它们仿佛更像一座巨大的雕塑而不是建筑物。

展馆的主厅是一个高约30m的圆筒形空间，由下到上逐渐增大，与主厅相邻较小的圆筒形建筑是管理部门的办公室。博物馆入口有着长长的出檐，底部入口里面也主要以墙面为主，而且出檐和入口处的里面全部采用纯白色的墙体，博物馆的名字位于出檐的下部，且字体简洁。这种简单而又纯净的建筑里面形象与纽约其他部分的摩天大楼形成强烈对比，突出建筑的艺术性。建筑上巨大拱顶采用玻璃顶的形式，并与建筑底部通层的中庭相对应，为建筑内部提供了充足的自然光照明。同时，充满艺术性的拱顶框架也有效加强了展览厅内部艺术殿堂般的氛围。主展览厅室内的地面由低到高不断变化，缓缓上升的螺旋形坡道极富创造性，那些展品就摆在环绕的坡道上。人们进入展厅，可由底部向上缓慢而行欣赏艺术品；也可以先乘电梯到达坡道顶部，再顺着坡道边看边往下走。整个大厅所呈现出的是流动的、开敞的空间感。

图3.4.4 古根海姆博物馆

这个建筑是赖特一生中最引人瞩目的作品。这个现代艺术博物馆是一个连续不断向上的螺旋体，把走道与画廊结合为一体，从而解决了以往所有艺术博物馆设计不得不按房间分隔的方式，在现代艺术博物馆的设计上是一个观念的突破；形式上也打破了国际主义建筑方形盒子的呆板模式，具有非常独特的地方（图3.4.4）。

# 第4章 西方现代主义之后的建筑

20 世纪 60 年代末期，经历了 30 年的国际主义风格建筑发展，世界建筑日趋相同，地方特色、民族特色逐渐消退，建筑和城市面貌日渐呆板、单调，加上勒·柯布西耶的粗野主义，往日具有人情味的建筑形式逐步被非人性化的国际主义建筑取代。建筑界出现了一批青年建筑师试图改变国际主义面貌，从而引发了建筑界的大革命。

课件

西方现代主义之后的建筑

最早提出后现代主义看法的是美国建筑师罗伯特·文丘里（Robert Venturi）。他在大学时代就挑战密斯的“少就是多”的原则，提出“少则厌烦”的看法，主张用历史建筑元素和美国通俗文化来赋予现代建筑以审美性和娱乐性。他在早期的著作《建筑的复杂性和矛盾性》中提出后现代主义的理论原则。而在《向拉斯维加斯学习》（*Learning from Las Vegas*）中进一步强调了后现代主义戏谑的成分和对美国通俗文化的新态度。

美国建筑师罗伯特·斯特恩（Robert Stern），从理论上把后现代主义建筑思想加以整理，完成了一个完整的思想体系。在他的《现代古典主义》（*Modern Classicism*）一书中，完整地归纳了后现代主义的理论依据、可能的发展方向和类型，是后现代主义的重要奠基理论著作。

美国作家和建筑师查尔斯·詹克斯（Charles Jencks）继续斯特恩的理论总结工作，在短短几年中出版了一系列著作，其中包括《现代建筑运动》《今日建筑》《后现代主义》等，逐步总结了后现代主义建筑思潮和理论系统，促进了后现代主义建筑的发展。

## 4.1 罗伯特·文丘里

微课视频

罗伯特·文丘里

### 4.1.1 人物简介

罗伯特·文丘里是美国建筑师，1925 年出生于美国费城，就读于普林斯顿大学建筑学院，1950 年获硕士学位。1954—1956 年在罗马的美国艺术学院学习，后曾在斯托诺洛夫、沙里宁、卡恩等人的事务所任职。1957—1965 年在宾夕法尼亚大学建筑系任教。1958 年起在费城开设共同事务所。1964

年和洛奇一起开办事务所。1965 年曾代表美国国务院赴苏联讲学。1966—1971 年任罗马美国艺术学院住宅建筑师及该学院理事，1977 年任普林斯顿大学建筑与城市设计学院顾问。

## 4.1.2 作品风格

罗伯特·文丘里的作品与著作，与 20 世纪美国建筑设计的功能主义主流分庭抗礼，成为建筑界中非正统分子机智而又明晰的代言人。他认为，现代主义建筑语言群众不懂，而群众喜欢的建筑往往形式平凡、活泼，装饰性强，又具有隐喻性。他认为，赌城拉斯维加斯的面貌，包括狭窄的街道、霓虹灯、广告牌、快餐馆等商标式的造型，正好反映了群众的喜好，建筑师要同群众对话，就要向拉斯维加斯学习。于是，过去认为是低级趣味和追求刺激的市井文化得以在学术舞台上立足。

设计过程中，文丘里喜欢将简单而有美丽雕花的图形合并在一起，还经常在全面设计规划图中将讽刺和喜剧寓于其中，常以国际风格和流行艺术为指导，其作品还被当做设计平面的典范，这些艺术形式常具有纪念性和装饰性。他以标记和符号为装饰，运用简单的几何图形，并将其融入他的设计中。

文丘里总在盛大的背景下将联系和同化合为一体，使他的建筑以一种和谐的方式与当地的环境相得益彰，他们不会因为已有的目的而忽视四周的环境。他这样说道："我喜欢建筑中的复杂性和对立性，这建立在近代观点的模糊性和丰富度中，还包含在与艺术的联系之中。"

## 4.1.3 费城母亲住宅

文丘里于 20 世纪 50 年代为他母亲设计的一座房子，也被建筑师称为"母亲住宅"( 图 4.1.1 )。这座建筑将郊区住宅重新阐释为当代建筑，被誉为第一座后现代主义建筑，同时也标志着他与现代主义风格的决裂。

"母亲住宅"包含了许多现代主义建筑师如密斯·凡·德·罗、弗兰克·劳埃德·赖特等人的惯用手法，从水平带型窗到极简化的立面。同时，文丘里也使用装饰——而这是他的现代主义阵营所不能容忍的。通过重新引入与住宅相关的传统元素——从带山墙的屋顶到一个拱形框架的入口——将它们从原始功能中抽离，他为整个后现代主义时期的到来打好了根基。

图 4.1.1　费城母亲住宅

# 4.2 贝聿铭

微课视频

贝聿铭

## 4.2.1 人物简介

贝聿铭是一名美籍华人建筑师，1917 年出生于中国广州。1927 年初中就读上海青年会中学，高中毕业自圣约翰大学附属中学，后来赴宾州大学攻读，后转读剑桥的麻省理工学院。1944 年进入著名高等学府哈佛大学攻读硕士学位。1945 学成，留校受聘为设计研究所助理教授。1955 年在纽约开设了自己的建筑设计事务所，又成立了“贝聿铭设计公司”，专门承担工程的设计任务。1990 年退休。

## 4.2.2 设计风格

贝聿铭不仅是杰出的建筑学家，更是极其理想化的建筑艺术家，善于把古代传统的建筑艺术和现代最新技术熔于一体，从而创造出自己独特的风格。贝聿铭说：“建筑和艺术虽然有所不同，但实质上是一致的，我的目标是寻求二者的和谐统一。”贝聿铭设计了大量的划时代建筑，属于实践型建筑师，作品很多，论著则较少。所获的重要奖项包括 1979 年美国建筑学会金奖；1981 年法国建筑学金奖；1983 年他获得了建筑界的“诺贝尔奖”普里茨克建筑奖；1989 年日本帝赏奖；及里根总统颁予的自由奖章等。贝聿铭设计的华盛顿国家艺术馆东大厅，美国前总统卡特称赞说：“这座建筑物不仅是首都华盛顿和谐而周全的一部分，而且是公众生活与艺术之间日益增强联系的艺术象征。”

1984 年 5 月，美国在凤凰城举行建筑学会年会，几百名建筑师从 500 个候选建筑物中选出 13 个建筑物授予年度荣誉奖，贝聿铭设计的北京香山饭店名列榜上。贝聿铭还应法国总统密特朗的邀请，完成了法国巴黎卢浮宫的扩建设计。

他在建筑设计中最为人们称道的是关心平民的利益。他在纽约、费城、克利夫兰和芝加哥等地设计了许多既有建筑美感又经济实用的大众化公寓。1948 年，他在费城设计的三层社会公寓，标志着贝聿铭从纯学术的象牙之塔进入实际的建筑领域。因此，费城莱斯大学于 1963 年颁赠他“人民建筑师”的光荣称号。同年，美国建筑学会向他颁发了纽约荣誉奖。《华盛顿邮报》称他的建筑设计是真正为人民服务的都市计划。

他被人描述成为一个注重于抽象形式的建筑师。他喜好的材料只包括石材、混凝土、玻璃和钢。贝聿铭早期的作品主要采用混凝土，如纽约富兰克林国家银行、镇心广场住宅区、夏威夷东西文化中心。中期，贝聿铭充分掌握了混凝土的性质，作品趋向于雕塑感，其中以全国大气研究中心、达拉斯市政厅等为代表，几何性的平面取代方盒子，蜕变出雕塑性的造型。他的建筑设计不单考虑建筑物本身，更关心都市环境设计的层面，着重创造社区意识与社区空间，其中代表作品有费城社会岭住宅社区。

贝聿铭的作品倾向于建筑融合自然的空间观念，如全国大气研究中心，伊弗森美术馆、狄莫伊艺术中心雕塑馆与康乃尔大学姜森美术馆等。这些作品的共同点是内庭，内庭将内外空间串连，使自然融于建筑。在手法上更着重再现自然光的投入，使内庭成为光庭，如香山饭店的常春厅、纽约阿孟科 IBM 公司的入口大厅、香港中国银行的中庭、纽约赛奈医院古根汉馆、巴黎卢浮宫的玻璃金字塔、比华利山庄创意艺人经济中心等。光与空间的结合，使得空间变化万端。“让光线来做设计”是贝聿铭的名言。

贝聿铭的建筑作品始终秉持现代建筑的传统，他坚信建筑不是流行风尚，不可能时刻变花招取宠，建筑是千秋大业，要对社会历史负责。他持续地对形式、空间、建材与技术研究探讨，使作品更加多样性。他从不为自己的设计辩说，从不自己执笔阐释解析作品观念，他认为建筑物本身就是最佳的宣言。

### 4.2.3 卢浮宫玻璃金字塔、中银大厦

卢浮宫玻璃金字塔，设计中并没有借用古埃及的金字塔造型，而是普通的几何形态，用了玻璃材料。金字塔虽然表面积小，却可以反映巴黎不断变化的天空，还能为地下设施提供良好的采光，创造性地解决了把古老宫殿改造成现代化美术馆的一系列难题，取得了极大成功，享誉世界。这一建筑正如贝氏所称："它预示将来，从而使卢浮宫达到完美。"玻璃金字塔塔高 21m，底宽 34m，四个侧面由 673 块玻璃拼组而成，总面积约 $1000m^2$，塔身总重量为 200t，其中玻璃净重 105t，金属支架仅有 95t。换而言之，支架的负荷超过了它自身的重量，因此行家们认为，这座玻璃金字塔不仅是体现现代艺术风格的佳作，也是运用现代科学技术的独特尝试（图 4.2.1、图 4.2.2）。

图 4.2.1　卢浮宫玻璃金字塔

图 4.2.2　中银大厦

## 4.3 丹下健三

### 4.3.1 人物简介

丹下健三是日本建筑师，1913 年出生于日本大阪，亚洲第一位普利兹克建筑奖得主。1935 年就读于东京帝国大学建筑系，1942 年在东京帝国大学研究院专攻城市规划，1949 年晋升为教授，同年获广岛和平中心设计竞赛一等奖。1961 年设立"健三城市建筑设计研究所"。曾任美国麻省理工学院和哈佛大学的特邀教授，获得过众多的国际荣誉。1987 年他获得普利兹克建筑奖。

### 4.3.2 设计风格

丹下健三认为：虽然建筑的形态、空间及外观要符合必要的逻辑性，但建筑还应该蕴涵直指人心的力量。这

微课视频

丹下健三

一时代所谓的创造力就是将科技与人性完美的结合。而传统元素在建筑设计中担任的角色应该像化学反应中的催化剂，它能加速反应，却在最终的结果里不见踪影。这一最基本的理念便是丹下健三在建筑实践中始终坚持的信条。

1964 年东京奥运会主会场——代代木国立综合体育馆，是丹下健三结构表现主义时期的顶峰之作，具有原始的想象力，达到了材料、功能、结构、比例，乃至历史观的高度统一，被称为 20 世纪世界最美的建筑之一。日本现代建筑甚至以此作品为界，划分为之前与之后两个历史时期。而他本人也赢得日本当代建筑界第一人的赞誉。

20 世纪 50 年代，丹下健三在继承民族传统的基础上，提出了“功能典型化”的概念，赋予建筑比较理性的形式，开拓了日本现代建筑的新境界。代表作品有东京都厅舍（1952—1957 年）、香川县厅舍（1955—1958 年）、仓敷县厅舍（1958—1960 年）等。20 世纪 60 年代，是丹下健三和他的研究所成果辉煌的时期。在 1960 年的东京规划中，提出了“都市轴”的理论，对以后的城市设计有很大影响。他在大跨度建筑方面也作了新探索，最著名的是东京代代木国立综合体育馆（1961—1964 年）。在运用象征性手法和新的民族风格方面也进行了成功的探索，如山梨县文化会馆（1966 年）、圣玛丽亚大教堂、静冈新闻广播东京支社（1966 年）等。1970 年以后，丹下健三及其研究所在北非和中东做了不少建筑设计，如约旦哈西姆皇宫工程、阿尔及尔国际机场等。这一时期，丹下健三还对镜面玻璃幕墙进行了探索，重要作品有东京都新市政厅、东京草月会馆新馆等。

1964 年建成的东京代代木国立室内综合体育馆是为第 18 届奥运会修建的。体育馆总用地面积 9.1hm$^2$，南北有近 6m 高差。第一体育馆为两个相对错位的新月形，第二体育馆为螺旋形，像个大蜗牛，两馆均采用悬索结构，中间的空地形成中心广场。宽敞的人行步道将两馆联系起来，贵宾和管理人员入口在步道的下面。观众人流和车流也巧妙地分开了。由于新颖的外部、内部空间手法和功能与结构的巧妙结合，这个作品得到了日本和各国建筑界很高的评价。有人甚至认为，这幢建筑是日本现代建筑达到国际水准的标志。丹下健三本人也因此获得了日本建筑学会特别奖及其他国际大奖。当时的奥委会主席布伦戴奇称赞说：“体育激励了建筑师，一方面众所周知，许多纪录在这个比赛馆中产生，这个作品激发了运动员的力量。同时这个比赛深深铭刻在有幸参加大会的人们的记忆中，铭刻在前来观战的追求美的人们的记忆之中。”

## 4.3.3　东京代代木体育馆、东京都厅舍

丹下健三设计的代代木体育馆是 20 世纪 60 年代技术进步的象征，它脱离了传统的结构和造型，被誉为划时代的作品。代代木国立室内综合体育馆的整体构成、内部空间以及结构形式，展示出丹下健三杰出的创造力、想象力和对日本文化的独到理解。国立屋内综合竞技场（National Olympic Gymnasium）是为举办 1964 年第 18 届奥林匹克运动会而兴建的，位于东京的代代木区。竞技场占地约 91hm$^2$，包括主馆游泳馆和附馆篮球馆。两个馆的屋顶设计新颖，采用悬索和薄壳屋面，由桅杆柱支撑，呈现出奇特的贝壳状外观。它不仅跨度大，而且成为当时这类结构中最成熟的作品之一（图 4.3.1、图 4.3.2）。

图 4.3.1 东京代代木体育馆

图 4.3.2 东京都厅舍

# 4.4 埃罗·沙里宁

## 4.4.1 人物简介

埃罗·沙里宁是美国建筑师，1910 年出生于芬兰一个艺术家庭，父亲也是建筑师。1923 年老沙里宁获芝加哥特里本建筑竞赛三等奖，全家用两万美元奖金移居美国。1925 年老沙里宁任克兰布鲁克艺术学院院长。沙里宁 1929 年赴巴黎学习雕塑，一年后返美。1931—1934 年在耶鲁大学学习建筑，1934—1936 年赴欧洲考察。返美后，他执教于密执安州克兰布鲁艺术学院，1937 年成为其父事业的合伙人。1940 年在纽约现代艺术博物馆举办的“有机家具”设计竞赛中，与伊姆斯共获头奖。1950 年父亲去世后独自开业，从这时到他去世前的 11 年中，他设计了一系列新奇独特的作品，表现了丰富多彩的建筑语汇。

## 4.4.2 作品风格

他对于早期现代建筑中的习惯思维表示怀疑，而引入了前所未有的雕塑式造型。他的作品富于独创性，而且不断地创立新的风格，以至一生中没有形成定型的建筑风格。

他曾说“城市是一本打开的书，从中可以看到它的抱负”“让我看看你的城市，我就能说出这个城市的居民在文化上追求的是什么”。

使沙里宁名闻世界的是圣路易市杰斐逊国家纪念碑。这座高宽各为 190m 的外贴不锈钢的抛物线形拱门，造型雄伟，线条流畅，象征该市为美国开发西部的大门。1952 年他设计了麻省理工学院礼堂，礼堂采用只有三个支点的 1/8 球壳作为屋顶。1958 年为耶鲁大学设计了冰球馆，采用悬索结构，沿球场纵轴线布置一根钢筋混凝土拱梁，悬索分别由两侧垂下，固定在观众席上。建筑造型奔放舒展，表达出冰球运动的速度和力量。

他最令人惊奇的作品是位于纽约肯尼迪机场的美国环球航空公司候机楼，该建筑外形像展翅的大鸟，动势很强；屋顶由四块钢筋混凝土壳体组合而成，几块壳体只在几个点相连，空隙处布置天窗，楼内的空间富于变化。

这是一个凭借现代技术把建筑同雕塑结合起来的作品。

他的另一杰作是华盛顿杜勒斯国际机场候机楼。大楼为悬索屋顶，跨度45.6m，长度182.5m，人流沿纵向行进。跨中屋顶低矮，下设办理登机手续等一系列管理用房；跨端空间高敞，供旅客集散之用。结构形式与功能结合妥善，轻巧的悬索屋顶象征飞翔，与结构本身的特点合拍，显得十分自然。

沙里宁是一个将建筑的功能与艺术效果真正完美结合的建筑家，他独特的艺术想象力和建筑思想，以及留下的雕塑性非常强的作品，对后来的建筑影响深远。

图 4.4.1　圣路易市杰斐逊国家纪念碑外景

微课视频

埃罗·沙里宁

约翰·伍重

### 4.4.3　圣路易市杰斐逊国家纪念碑

这座高、宽各为 190m 的外贴不锈钢抛物线形拱门，造型雄伟，线条流畅，象征该市为美国开发西部的大门，令世界瞩目。他是一个凭借现代技术把建筑同雕塑结合起来的作品，也是有机功能主义具有里程碑意义的代表建筑（图 4.4.1）。

## 4.5　约翰·伍重

### 4.5.1　人物简介

约翰·伍重 1918 年出生于丹麦，曾经是一名优秀的水手，1942 年毕业于一个高等艺术专科学校。第二次世界大战爆发后逃往瑞典，在那里的建筑工作室当小职员。后来去了芬兰，与阿尔瓦·阿尔托一起工作。

### 4.5.2　作品风格

约翰·伍重扎根于历史，喜欢玛雅、中国、日本、伊斯兰的文化，他将古代传统文化与自己的认识和理解相结合，形成了一种艺术化的建筑感觉。他总是领先于他的时代。

### 4.5.3　澳大利亚悉尼歌剧院

悉尼歌剧院，位于澳大利亚新南威尔士州悉尼市区北部的便利朗角，1959 年 3 月动工建造，1973

图 4.5.1　澳大利亚悉尼歌剧院

年 10 月 20 日正式投入使用，是澳大利亚的地标式建筑（图 4.5.1）。

悉尼歌剧院的传奇开始于 1957 年，38 岁的伍重是一位名不见经传的建筑师，只在丹麦有过一次实践。他的方案在来自 30 多个国家的 230 位参赛者中被大赛评委选中，当时的媒体称之为“用白瓷片覆盖的三组贝壳形的混凝土拱顶”。悉尼歌剧院规模庞大，建筑面积 8000m$^2$，包括音乐会大厅、歌剧大厅、剧场、排演厅和众多的展览场地设施。2007 年，悉尼歌剧院被联合国教科文组织评为世界文化遗产。

悉尼歌剧院直到 1973 年才建成，历经 14 年之久，耗资 1.2 亿美元。它的结构设计有着前所未有的难度，期间经过多个设计师的不断改进和完善，最终是先采用混凝土做成球形，再进行修改削减，杰作才得以诞生。

# 4.6　雅玛萨奇

## 4.6.1　人物简介

雅玛萨奇是美国建筑师，祖籍日本。1912 年出生于美国西雅图市，曾就读于西雅图的华盛顿大学和纽约大学，1934 年后在纽约担任过很多设计工作，1943—1945 年在哥伦比亚大学任教，1949 年开始设立建筑师事务所，1956 年获得“进步建筑”设计奖，1957 年获得日本建筑学会奖，1959 年获得建筑师协会底特律分会基金，1960 年被选为美国艺术与科学院院士，美国建筑师协会元老会员，1986 年去世。

雅玛萨奇刚出道时是一个比较纯粹的现代派，但他始终对建筑设计保持着另外角度的思考，并在 1955 年发表了自己的观点，认为现代主义“过分尊重大师、过分轻视历史”，存在着“谬误”。此语一出，满堂皆惊。在那个崇拜现代主义的年代里，他立刻被划归异类，到处遭受排挤和打压。

## 4.6.2　作品风格

微课视频

雅玛萨奇

安藤忠雄

雅玛萨奇的作品特征是装饰手法的运用。他认为建筑应带有装饰，应注意细部处理，将装饰建立在技术美的基础上，并从结构的规律出发，使结构构件装饰化，如使墙体成为装饰构件，犹如一种编织的屏风。他是现代建筑中典雅主义的代表人物之一，他在建筑表面使用哥特式造型片段，并在充满东方韵味的庭院中应用哥特式空骨架，效果十分独特。

这样的设计曾遭到建筑界的强烈反对，但雅玛萨奇坚持了自己的追求。纽约世界贸易中心这一对塔楼曾短暂地保持了世界最高建筑的纪录，虽然很快就被芝加哥的西尔斯大厦超越了，但这并不妨碍它们成为 20 世纪形象最动人的摩天楼。自 1971 年落成之后，这里就成为了纽约的新象征。除了双塔对峙的效果出众之外，大楼本身的建筑处理也摒弃了大玻璃幕墙的流行手法，而是用排列很密的外墙柱取得一致的韵律感。柱子造型流畅，充满现代感，两端的弧形造型体现出哥特式骨架的神韵，这种精细雅致的表达历史题材的手法后来被称为“典雅主义”。世贸中心双塔既不同于早期摩天楼的古旧，又不像“密斯玻璃盒子”那么泛滥，是一个成功的杰作。

## 4.6.3　纽约世界贸易中心

世界贸易中心（World Trade Center），是位于美国纽约曼哈顿岛西南端的一个建筑群，始建于 1966 年 8 月 25 日，由 2 座 110 层并立的塔式摩天楼与 1 座 8 层、2 座 9 层、1 座 22 层、1 座 47 层的大楼组成。其中世界贸易中心一号楼和世界贸易中心二号楼曾为美国纽约最高的建筑物及标志性建筑（图 4.6.1）。

图 4.6.1　纽约世界贸易中心

# 4.7　安藤忠雄

## 4.7.1　人物简介

安藤忠雄是日本建筑师，1941 年出生于日本大阪，1962 年游学于美国、欧洲和非洲，1969 年创办了安藤忠雄建筑研究所，1987 年担任耶鲁大学的客座教授，1988 年担任哥伦比亚大学的客座教授，1989 年担任哈佛大学的客座教授，1995 年获得普利兹克建筑奖，1997 年执教于日本东京大学建筑系，并担任东京大学工学部教授，1997 年从东京大学退休，转任名誉教授，2005 年获得东京大学的终身特别荣誉教授。

## 4.7.2 设计风格

安藤忠雄认为万神庙静态几何布局形式的垂直发展空间，与日本建筑具有明显的水平方向性的空间概念形成了对比。万神庙是西方建筑空间的典型代表，两者存在着强烈的冲突。安藤就是要将这两种对立的空间观念融和起来，使其独树一帜。

安藤忠雄一直是批判现代主义的，他借用了现代主义的形式，并对整个现代主义进行批判改造。他运用现代主义的材料、语汇以及在建筑中具社会影响力的教条，向机能主义偏执的思潮进攻。反机能主义是对于具有空调和户户相对建筑的立面，他认为这种形式的建筑切割了人和自然的联系。对安藤来说，建筑是人与自然之间的中介，是一个脆弱的、理性的庇护所。他重复地再现“住吉的长屋”的风格，因为在这个设计中他在城市建造了另外一个世界，人们的生活似乎又重回了大自然的怀抱。

安藤忠雄认为，真正后现代文化不应存在于消极、享乐，以过度的服务来满足消费文化的需要，而是应包含在禁欲主义的“道”中。住吉的长屋的原型，即是安藤对当时生活方式所作出的反省与抗议。他认为在现代社会中，消费主义的抬头使精神渐趋没落必须加以抗拒，并希望在生活中保有传统形式，并在这个基础上发展、超越，进而能创造出新的文化。

安藤忠雄早期对都市一直是采取一种封闭的态度，他实际上是“城市游击战”的拥护者，主张不必注重社会和城市的立场。安藤的作品中，让人开始意识到都市公共空间的个性，除了发挥他惯用的动线回游手法外，更将建筑物朝向河边开放，塑造出多种层次的空间，面对自然加以敞开，为桥边过往的人们创造了新的公共空间。

安藤忠雄对都市展开各种积极的提案，他针对大阪市区里一栋历史建筑物（中央公会堂）所在的中之岛区域加以规划，他提出都市核与地层空间的构想，在历史建筑物的内部嵌入蛋形的市民剧场，利用地下层开挖的大空间与地面亲水广场的联结，塑造出生动而有趣的都市空间。在这个规划案中，可读出安藤忠雄对于周边环境的响应，已经不同于以往封闭的态度，他在既有的纹理脉络中采取了嵌入与挖空两种手法。在组织建筑群体上，他将原本只限定于建筑物内部的动线回游手法，扩大到都市空间的尺度，借由人行的步道、街道，重新组构都市的路径。

安藤相信构成建筑必须具备三要素：第一要素是可靠的材料，这真材实料可以是如纯粹朴实的水泥，或未刷漆的木头等物质。第二要素是正宗完全的几何形式，这种形式为建筑提供了基础和框架，使建筑展现于世人面前；它可能是一个主观设想的物体，也常常是一个三度空间结构的物体。最后一个要素是自然，这里所指的自然并非是原始的自然，而是人所安排过的一种无序的自然或从自然中概括而来的有序自然及人工化自然。安藤所谓的自然，并非泛指植栽化的概念，而是指被人工化的自然，或者说是建筑化的自然。他认为植栽只不过是对现实的一种美化方式。

## 4.7.3 霍姆布洛伊美术馆

在德国杜塞尔多夫郊外的霍姆布洛伊的美术馆，是一个世界稀有的“公园”美术馆。在霍姆布洛伊以西约 1km 的遗迹上建设的美术馆。建筑群的构成包括了采用混凝土箱形外包玻璃皮膜的双层膜构造的东洋美术常设展示厅，以及与之成 45° 角建筑，一半埋入地下的并列的两栋特别展示厅。让人感觉身在美术馆内部却像漫步森林中一样，建筑的内外空间具有流动性（图 4.7.1）。

图 4.7.1 霍姆布洛伊美术馆

# 4.8 扎哈·哈迪德

微课视频

扎哈·哈迪德

## 4.8.1 人物简介

扎哈·哈迪德是英国建筑师，1950 年出生于巴格达。在黎巴嫩就读过数学系，1972 年进入伦敦的建筑联盟学院学习建筑学，1977 年毕业获得伦敦建筑联盟硕士学位。后加入大都会建筑事务所，与雷姆·库哈斯和埃利亚·增西利斯一道执教于一家建筑学院，后来成立了自己的工作室，直到 1987 年。哈迪德曾在哥伦比亚大学和哈佛大学担任访问教授，在世界各地教授硕士研究生班和讲座。1994 年在哈佛大学设计研究生院执掌丹下健三教席。

2004 年 3 月 21 日，洛杉矶的海耶基金会宣布了扎哈·哈迪德普立兹克奖今年的得主，这是该奖项创立 25 年以来第一位获得大奖的女性，而且还是最年轻的获奖者。对世界来讲，哈迪德无疑是明星建筑家，频繁走访中国。从广州歌剧院方案的构思，到北京在 SOHO 中国的“物流港”，她一步步走向中国，并与中国建筑师对话，可以说，这次她获奖的背后也有蓬勃发展的中国建筑业的影子。

## 4.8.2 作品风格

扎哈证明她其实是经营空间景观的高手。语汇仍沿袭她早期的作品，但组合方式已大不同。早期扎哈的语汇是挑战基地涵构，现在她学会从基地找出她要运用的空间语汇。结合机能与空间逻辑，创造出令人激赏的建筑。她的建筑提醒人们注意原野如何越过山丘，河流如何蜿蜒，山峰如何指引方向。或许扎哈已了解，“瞬间的爆发”并未能揭露人类心灵的构造，但能展现人造环境的本质。她并未在乌托邦的残迹中发现自由空闲，而是在对既有环境的探索中发现。

盘绕元素一再出现于扎哈的作品当中。像是蓝图馆的金属折板，也曾出现于卡迪夫湾歌剧院。扎哈这时期的建筑是蜿蜒至基地景观内的。接下来她更进一步创造自己的景观，以此景观包被机能，创造空间。卡迪夫湾歌剧院中，这种盘旋的语汇界定了大厅空间；在蓝图馆中则创造了展位的存在性。

她认为自己也不晓得下一个建筑物将会是什么样子，不断尝试各种媒体的变数，在每一次的设计里，重新发明每一件事物。建筑设计如同艺术创作，不知道什么是可能，直到你实际着手进行。当调动一组几何图形时，便可以感受到一个建筑物已开始移动了。以“打破建筑传统”为目标的哈迪德，一直在实践着让“建筑更加建筑”的思想，于是才会有超出现实思维模式的、突破式的新颖作品。

## 4.8.3 香奈尔流动艺术馆、广州歌剧院

香奈尔流动艺术展览馆是扎哈·哈迪德设计的最新的建筑设计语言，通过连贯且条理清晰的设计理念，赋予建筑雕塑性的感官美。这个新建筑运用了数据模型技术，打破了传统设计的局限，促进了流动形体的设计发展。展览馆的流动形体是扎哈·哈迪德对自然有机系统研究的结果，其有机形体演变于自然界的螺旋形贝壳。在自然界中，有机系统的生长是最频繁的，这恰好适应了建筑沿周边向外扩展的需求，从而在入口平台形成了 $128m^2$ 的巨大公共区域。展览馆随着建筑底盘按一定参数变形。

展览馆外观显著的变形创造了一个环绕周边持续变化的多样型展览空间，中心是一个 65m$^2$ 的中庭，自然的光线缓缓照入，为参观者提供了一处会面和讨论展览的地方（图 4.8.1）。

广州歌剧院总占地面积 4.2 万 m$^2$，建筑面积 7.3 万 m$^2$，建筑总高度 43.1m，拥有歌剧厅、实验剧场、当代美术馆等艺术专馆和 3 个排练厅（歌剧排练厅、芭蕾排练厅及交响乐排练厅）。广州歌剧院被称为“圆润双砾”，其主体建筑为黑白灰色调的“双砾”（图 4.8.2）。

图 4.8.1　香奈尔流动艺术馆

图 4.8.2　广州歌剧院

# 4.9　雷姆·库哈斯

微课视频

雷姆·库哈斯

## 4.9.1　人物简介

雷姆·库哈斯 1944 年出生于荷兰鹿特丹，早年曾从事剧本创作并当过记者。1968—1972 年转行学建筑，就读于伦敦一所颇具前卫意识的建筑学院。从那时起，他对当代文化环境下的建筑现象就开始表现出与众不同的兴趣。1972 年用研究奖学金在美国生活和工作了很长一段时间。1972—1979 年，他曾在当时建筑界很知名的一家事务所以及纽约城市规划 / 建筑研究室工作过，同时也在耶鲁大学和加州大学洛杉矶分校执教。1975 年，库哈斯与其合作者共同创建了 OMA 事务所，试图通过理论及实践，探讨当今文化环境下现代建筑发展的新思路。

库哈斯参与的项目包括法国里尔市总体规划、美国洛杉矶环球影城总部规划等。其设计作品曾获得多种奖项，其中包括全球建筑界的最高奖普利兹克奖。

## 4.9.2　作品风格

看过库哈斯著作的人都会觉得他的书像他的作品一样充满了新奇、炫目的味道，而且，不断充斥着跳跃与不知所云。库哈斯具有乐观的现代主义精神，并对当今一切文化现象采取宽容和接受的态度。如果说 20 年代的前辈建筑大师勒·柯布西耶所写的《走向新建筑》是 21 世纪初工业社会的建筑宣言，那么库哈斯的《癫疯的纽约》则是 21 世纪末消费社会的建筑与都市宣言，带来的是与前者同样的社会震撼力，改变了我们这一代青年建筑师对城市、对建筑的传统理念。《癫疯的纽约》之后，库哈斯不停地进行建筑实践，努力实现或证实他早年在书中所提出的建筑理想和宣言，特别是外表与内在行为简单分裂论。

表面上，库哈斯的作品试图给人一种漫不经心的轻松感，并没有对内部发生的一切有任何的暗示；而实际上，他却对作品内部展示的空表现出极大的热情。建筑与都市内的空并非真空，他要给你一切的可能性，调动你的激情，幻想虚无。他要创造一种让你有无限欲望，要进去窥视的空，在建筑和大都会的空间里去创造一种拥挤的文化。正如勒·柯布西耶、马塞尔·杜尚曾经给后人设下的无数令人迷幻的陷阱一样，库哈斯这位天才建筑师也给我们这代人设下了迷人的圈套。

库哈斯不爱谈创作理论，尤其不爱谈形式。在他看来，它的形式完全源于他的逻辑。库哈斯的创作理论可以总结为以下几点：

（1）对建筑概念的反思。据库哈斯的解释，其建筑创作都遵循着从新的抽象概念到形式创作的方式。这或许是库哈斯城市研究的衍生品。

（2）新奇的荷兰式的形式。这一点与他惊人的创造力有关，又与他受过的造型训练、感受的文化传统有关。

（3）建筑手法上，库哈斯早期受荷兰风格派的影响，对穿插的墙面很感兴趣。而后又受超现实主义的影响，爱用体块的组合，并积极利用建筑的必然元素（常为楼梯），创造出有时髦的感染力的空间。在室内喜用超现实主义的画作对墙面进行装饰。在大体块的处理上，常用玻璃幕墙，并且在竖直方向上，墙面常为倾斜一定角度或折叠状的。

库哈斯完全沉浸在现代化的海洋中，根本没有对昨日的丝毫留恋。它的理论是前进、再前进，对新事物始终保持着不熄的热情和不衰的兴趣，他想始终走在时代的最前端。这也正是他建筑创作的基础之一。

### 4.9.3 中国中央电视台（CCTV）总部

图 4.9.1 中国中央电视台（CCTV）总部

中央电视台（CCTV）总部大楼位于北京市商务中心区（CBD），大楼占地面积 18.7 万 $m^2$，总建筑面积约 55 万 $m^2$。从技术上讲，这座建筑存在很大难度。建筑外形就像是一只被扭曲的正方形油炸圈；两座竖立的塔楼向内倾斜，倾角很大；塔楼之间被横向的结构连接起来，总体形成一个闭合的环。这样一种回旋式结构在建筑界还没有现成的施工规范可循。大楼外面由大面积玻璃窗与菱形钢网格结合，作为大楼主体架构，这些钢网格暴露在建筑最外面，而不是像大多数建筑那样深藏其中。

## 4.10 诺曼·福斯特

### 4.10.1 人物简介

诺曼·福斯特出生于 1935 年，在曼彻斯特大学学习建筑学和城市规划，1961 年毕业后获亨利奖学金去耶鲁大学学习，并获得硕士学位。1963 年开设自己的事务所之前，他一直在美国东西海岸从事城市更新和总体规划项目。诺曼·福斯特获得过全世界许多大学和组织的荣誉学位奖金。他于 1990 年被女王封为爵士，1983 年获得皇家金质奖章，1994 年获美国建筑师学会金质奖章。他是众多学术团体的成员，在世界许多地方进行教学和讲学。他曾任建筑协会的副主席以及英国皇家建筑师学会的客座审查委员。诺曼·福斯特被誉为“高技派”的代表人物，第 21 届普利茨克建筑奖得主。

## 4.10.2　作品风格

微课视频

诺曼·福斯特

诺曼·福斯特强调人与自然的共同存在，而不是互相抵触，强调要从过去的文化形态中吸取教训，提倡那些适合人类生活形态需要的建筑方式。

他认为建筑应该给人一种戏剧性的效果，给人带来宁静。机场是一个旅行的场所，它必须有助于将航空旅行从一个烦恼的过程变成一种轻松愉快的体验。如果你到施坦斯德机场，你肯定会享受到自然光的趣味，会看到清晰的屋顶结构形式，就像回到了过去的那种挡雨采光的老式机场。许多东西都是仿照这种形式，它重新评价了建筑的自然性，凌乱的管道、线路和照明装置以及悬挂天花板的问题，都不存在了。取而代之的是结构形式的清晰和天然光的趣味。屋顶实际上是一个照明屏，同时使室内免受外界天气的影响。

## 4.10.3　法兰克福商业银行

整座大厦除非在极少数的严寒或酷暑天气中，否则全部采用自然通风和温度调节，将运行能耗降到最低，同时也最大限度地减少了空气调节设备对大气的污染。该建筑的平面为边长 60m 的等边三角形，其结构体系是以三角形顶点的三个独立框筒为“巨型柱”，通过 8 层楼高的钢框架为“巨型梁”连接而围成的巨型筒体系，具有极好的整体效应和抗推刚度，其中“巨型梁”产生了巨大的“螺旋箍”效应。49 层高的塔楼采用弧线围成的三角形平面，三个核（由电梯间和卫生间组成）构成的三个巨型柱布置在三个角上，巨型柱之间架设空腹拱梁，形成三条无柱办公空间，其间围合出的三角形中庭，如同一个大烟囱。为了发挥其烟囱效应，组织好办公空间的自然通风，经风洞试验后，在三条办公空间中分别设置了多个空中花园。这些空中花园分布在三个方向的不同标高上，成为“烟囱”的进出风口，有效地组织了办公空间的自然通风。据测算，该楼的自然通风量可达 60%。三角形平面又能最大限度地接纳阳光，创造良好的视野，同时又可减少对北邻建筑的遮挡。因此，大厦被冠以“生态之塔”“带有空中花园的能量搅拌器”的美称（图 4.10.1）。

图 4.10.1　法兰克福商业银行

# 第2篇

# 中国建筑

# 第5章　中国古代建筑

## 5.1　中国古代建筑结构体系

课件

中国古代建筑

微课视频

中国古代建筑结构体系

中国悠久的历史创造了灿烂的古代文化，古建筑是其重要的组成部分。中国古代涌现出许多建筑杰作，营造了许多传世的宫殿、陵墓、庙宇、园林和民宅等建筑。

### 5.1.1　中国古建筑特点

#### 5.1.1.1　结构取材与发展

（1）以木料为主要材料。由于具有取材方便、适应性强、抗震性能良好等优势，木材始终作为我国古建筑的主要建筑材料。其在结构方面，则尽木材应用之能事，以臻实际之需要，而同时完成其本身完美之形体。匠师既重视传统经验，又忠于材料应用。

（2）以木构架为主要结构。中国古代木结构，主要有三种形式。一是“井干式”，即是以圆木或方木四边重叠如井字形。二是“穿斗式”，是用穿枋、柱子相穿通接斗而成，便于施工，最能抗震，我国南方民居和较小的殿堂楼阁多采用这种形式。三是“抬梁式”，即在柱上抬梁，梁上安短柱，柱上又抬梁的结构方式。这种结构可使建筑物的面阔和进深加大，以满足大空间的要求，因此成为大型宫殿、坛庙等建筑物所采用的主要结构形式。

（3）斗拱是中国木构建筑特有的结构部件。斗拱承受上部结构之荷载，转纳于下部之立柱上，斗拱之组织与比例大小，历代不同，可借其结构演变之序，以鉴定建筑物的年代。

#### 5.1.1.2　外部特征

1. 建筑的立面特征

中国建筑的立面一般分为三部分：屋顶、屋身和台基，各部分之间有一定的比例。

（1）屋顶。一般可达到立面高度的一半左右。坡顶形成曲线，巨大的体量和柔和的曲线，使屋顶成为中国建筑中最突出的形象。建筑的等级在很大程度上就是从屋顶的体量、形式、色彩、装饰、质地上表现出来的。中国古建筑的屋顶样式有多种，等级最高的是庑殿顶，只有帝王宫殿或敕建寺庙等方能使用；歇山顶等级次于庑殿顶，系前后左右四个坡面，在左右坡面上各有一个垂直面，故而交出九个脊，又称九脊殿，多用在建筑性质较为重要、体量较大的建筑上；等级再次的屋顶主要有悬山顶和硬山顶；攒尖顶主要用于园林的亭榭建筑中。

（2）屋身。屋顶与台基间乃立面的中部称为屋身，主要由墙、窗、门、柱等元素构成。屋顶的撑力来自于一排排的屋檩上，而檩又承在大梁上，梁再驾于柱上，这样层层传递，化解了顶盖的重力，有“墙倒屋不塌”之说。墙一般不承重，仅作围护和分隔空间构件，故较为空透，利于通风。窗的款式花样繁多，扇扇都谓匠心独具，江南地区的雕花窗更是窗中极品。

（3）台基。又称基座，系高出地面的建筑物底座，用以承托建筑物，并使其防潮、防腐。台基主要有四种：普通台基用素土或灰土或碎砖三合土夯筑而成，约高一尺，常用于小式建筑；较高级台基常在台基上边建汉白玉栏杆，用于大型建筑或宫殿建筑中的次要建筑；更高级台基即须弥座，又名金刚座，一般用砖或石砌成，上有凹凸线脚和纹饰，台上建有汉白玉栏杆，常用于宫殿和著名寺院中的主要殿堂建筑；最高级台基由几个须弥座相叠而成，从而使建筑物显得更为宏伟高大，常用于最高级建筑，如故宫的三大殿和山东曲阜孔庙大成殿。

2. 建筑的平面布局

在中国古代建筑中，基本上有两种平面布局的方式：一种是庄严雄伟，整齐对称；另一种是曲折变化，灵活多样。都城、皇宫、坛庙等大都采取前一种形式，其平面布局的特点是有一条明显的中轴线，在中轴线上布置主要建筑物。另一种布局则因地制宜，相宜布置。凡风景园林、民居房舍以及山村水镇等，大都采用这种形式。其布局的方法是按照山川形势、地理环境和自然的条件等灵活布局。

3. 建筑的院落组织

凡主要建筑必有其附属建筑物联络周绕，如配厢、夹室、廊庑、周屋、山门、前殿、围墙、角楼之属，成为庭院之组织，才能够完成中国古建筑的全貌。除佛塔以外，从立面来看，单座古建筑仅是中国传统庭院中的一部分，重视院落组合空间，这点与欧洲建筑有着很大的不同。中国古建筑的建筑单体与院落空间融为一体，彼此成就。

4. 彩画

彩画是中国古建筑中重要的艺术部分，主要有实用和装饰两方面的作用。实用方面是保护木材和墙壁表面，装饰方面的作用即是使房屋内外明快而美观。彩画的图案早期是在建筑物上涂以颜色，并逐渐绘画各种动植物和图案花纹，后来逐步走向规格化和程式化，到明清时期完成了定制。明清时期的彩画主要分三大类：和玺彩画、旋子彩画和苏式彩画。和玺彩画是最高级的，仅用于宫殿、坛庙的主殿、堂、门。

#### 5.1.1.3 环境思想

（1）建筑布局受观念形态影响。古之政治尚典章制度，至儒教兴盛，尤重礼仪。故先秦两汉传记所载建筑，率重其名称方位，部署规制，鲜涉殿堂之结构。嗣后建筑之见于史籍者，多见于五行志及礼仪志中。记宫苑寺观亦皆详其平面部署制度，而略其立面形状及结构。这些均足以证明政治、宗法、风俗、礼仪、佛道、风水等中国思想精神对建筑平面的影响，远远超过对建筑结构的影响。

（2）建筑技术被称为匠学。建筑学在我国素称“匠学”，自古以来多为师徒口口相授，少有文字记载，多重视面授，通过面授将其建造技术传授于徒弟，因此，建筑著作也是非常稀少。

### 5.1.2 木构建筑技术

我国关于营造的专业书极少，宋、清两朝各刊官书一部，成为研究我国建筑技术方面极为重要的资料。

1.《营造法式》

《营造法式》为宋代李诫编写，共34卷，大木作制度是最重要的一部分内容，具体如下：

（1）材契。“材”有两个含义，一指的是建筑物所用的材料，材料大小分为8种；二是指度量单位，宋代建筑各部分之间比例，均用材契作为度量标准。

（2）斗与拱。斗与拱叠加起来，在宋代叫“铺作”。坐落在柱头上面的叫做“柱头铺作”，在柱与柱之间的称为“补间铺作”，在角柱上方称“转角铺作”。

（3）梁。梁根据长短及地位之不同，具有不同名称。殿阁上用天花板，天花板以下叫做明栿，可用月梁或者直梁。

（4）柱。柱的长短及柱径大小，通常根据房屋种类和大小而定。角柱生起，自当心间向两边，柱子逐渐变高，屋顶有翘起感。

（5）举折。是指屋顶坡度及屋盖曲面线的方法。做出来曲面线，称为“定侧样”。

除上列五项外，其他如阑额、角梁、槫、椽、侏儒柱等均各有规定。

2.《工程做法则例》

清代为加强建筑业的管理，于雍正十二年（1734年）由工部编定并刊行了一部《工程做法则例》的术书，作为控制官工预算、作法、工料的依据，是继宋代《营造法式》之后官方颁布的又一部较为系统全面的建筑工程专书。全书共74卷。前27卷是大殿、厅堂、楼阁等方面的建筑规范，对构件尺寸、隼卯结构、大小比例都有规定。施工时可按比例放大或缩小。斗拱以大木作为斗口标准单位，只需确定斗口尺寸，整个房屋尺寸大小也随之而定。没有斗拱的小式房屋则按柱高来确定。后面各卷对斗拱、门窗、砖、瓦及画工用料等方面的标准都有详细介绍。木材规定为若干等，形成系列。《工程做法则例》是对中国古代建筑规范及其事项的系统总结，反映了中国几千年建筑标准化发展的水平。

# 5.2　宫殿坛庙

## 5.2.1　概述

宫殿是帝王朝会和居住的地方，规模宏大，形象壮丽，格局严谨，为了体现皇权的至高无上，中国古代宫殿建筑采取严格的中轴对称布局方式；中轴线上的建筑高大华丽，轴线两侧的建筑相对简单。《周礼·考工记》中曾记述：“匠人营国，方九里，旁三门，国中九经、九纬，经涂九轨，左祖右社，面朝后市。”北京故宫基本上按此制度建造的。

## 5.2.2　北京故宫

### 5.2.2.1　概况

北京故宫是明清两代的皇宫，又称“紫禁城”。始建于明永乐四年（1406年），由蒯祥设计，永乐十八年（1420年）建成（图5.2.1）。

图 5.2.1 北京故宫鸟瞰图

北京故宫南北长 961m，东西宽 753m，四面围有高 10m 的城墙，城外有宽 52m 的护城河。紫禁城有四座城门，南面为午门，北面为神武门，东面为东华门，西面为西华门。城墙的四角，各有一座角楼。紫禁城内的建筑分为外朝和内廷两部分。外朝的中心为太和殿、中和殿、保和殿，统称三大殿，是国家举行大典礼的地方。三大殿左右两翼辅以文华殿、武英殿两组建筑。内廷的中心是乾清宫、交泰殿、坤宁宫，统称“后三宫”，是皇帝和皇后居住的正宫。其后为御花园。

### 5.2.2.2 经典建筑赏析

（1）内金水河（图 5.2.2）。《大清一统志》中有“元时名金水河，以其自西门而入，故名”。相对于天安门前的外金水河，该河被称为内金水河。

（2）太和殿正面全景（图 5.2.3）。大殿面阔 11 间，长 60.01m，进深 5 间，宽 33.33m，按四柱为一间计算，共 65 间，重檐庑殿顶。

图 5.2.2 内金水河

图 5.2.3 太和殿正面全景

（3）太和殿内藻井（图 5.2.4）。藻井是室内天花的一部分，属于内檐装修。太和殿内的蟠龙藻井居于 4 根贴金龙柱之间，下部为方井，上放斗拱承重；中层为八角井，是在八角井上设一圆井，圆井正中雕有蟠龙，垂首衔珠，称为龙井。

（4）太和殿内景（图 5.2.5）。太和殿有直径达 1m 的大柱 72 根，其中 6 根通体髹金漆座的沥粉金漆蟠龙柱围绕御座，御座的靠背由三条龙组成，座下不用椅脚，而以须弥座代之。

（5）太和殿内檐斗拱及梁枋金龙和玺彩画（图 5.2.6）。太和殿使用和玺彩画中的金龙和玺彩画，以象征皇权的龙纹图案为主题，大量贴金，是宫中彩画的最高等级。

图 5.2.4 太和殿内藻井

图 5.2.5 太和殿内景

图 5.2.6 太和殿内檐斗拱及梁枋彩画

（6）乾清宫内景（图 5.2.7）。乾清宫为后寝宫殿中的第一进建筑。面阔 9 间，进深 5 间，高 20m，重檐庑殿顶。乾清宫正殿是皇帝日常处理政务、引见大臣和接见外国使臣的地方，功能与前朝宫殿相似，故乾清宫与太和殿、保和殿一样，殿内设有宝座。宝座设于三层木台阶上，中央是皇帝的御座，座后则是五扇连交屏风。宝座上方悬着由清代顺治皇帝御笔亲书的“正大光明”匾，这个匾的背后藏有密建皇储的“建储匣”。

图 5.2.7 乾清宫内景

（7）畅音阁戏台（图 5.2.8）。畅音阁为清宫内廷演戏楼，为紫禁城中最大的一座戏台，与京西颐和园内的德和园大戏楼、承德避暑山庄的清音阁大戏楼并称清代三大戏楼。畅音阁三重檐，台基高 1.2m，通高 20.71m，总建筑面积 685.94m$^2$，卷棚歇山顶。阁面阔 3 间，进深 3 间，与南边五开间扮戏楼相接，平面呈凸字形。

（8）堆秀山御景亭（图 5.2.9）。堆秀山是一人工堆砌的假山，建于明万历年间。为太湖石迭砌而成，山势高峻挺秀，外表洞穴玲珑，山的东部有山路可达顶端，上筑御景亭，名为万春亭和千秋亭的两座亭子。

图 5.2.8　畅音阁戏台

图 5.2.9　堆秀山御景亭

图 5.2.10　宁寿宫御苑禊赏亭流杯渠

（9）宁寿宫御苑禊赏亭流杯渠（图 5.2.10）。禊赏亭流杯渠位于宁寿宫花园第一进院落的西南，亭名取王羲之兰亭修禊的典故，是第一进院落中最为精彩的看点。禊赏亭抱厦内地面凿石为渠，渠长 27m，曲水流觞，称“流杯渠”，亦称“九曲流觞渠”，是北京有名的流杯亭之一。

## 5.2.3　北京天坛

### 5.2.3.1　概述

天坛在原北京外城的东南部，位于故宫正南偏东的城南，正阳门外东侧，始建于明朝永乐十八年（1420 年），是明、清两代帝王祭天祈丰收、祈雨的地方，是“圜丘”“祈谷”两坛的总称。皇帝于每年冬至、正月上辛和孟夏来此举行祭奠。总建筑面积为 273km$^2$。整个面积比紫禁城（故宫）还大，有两重垣墙，形成内外坛，主要建筑有祈年殿、皇穹宇、圜丘（图 5.2.11）。

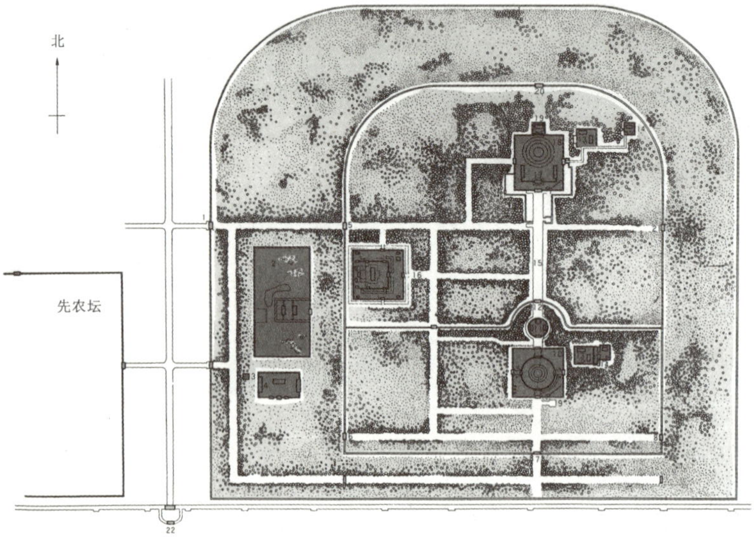


图 5.2.11　北京天坛总平面图

天坛的总体布局是在呈方形的用地上建造内外两层坛墙，坛墙南方北圆，象征天圆地方。南北轴线上布置了圜丘与祈年殿两组建筑群。圜丘坛在南部，由 3 层汉白玉石坛组成，为祭天之所，圜丘坛外又围以圆、方两层壝墙，壝墙四正面各设汉白玉棂星门 3 座。坛北有圆形平面的皇穹宇一组建筑，祈年殿在轴线北部，坛上建造祈年殿。殿的东西两侧有配殿，前部为祈年门。整座祈年殿坐落在一个砖砌的高台上，四面设砖券门；殿后方有皇乾殿。圜丘坛与祈年殿之间有一条高 2.5m，长 260m 的铺砖神道相联系，又称丹陛桥。

### 5.2.3.2　经典建筑赏析

（1）棂星门与圜丘（图 5.2.12）。圜丘是冬至日皇帝祭天之处，位居天坛南部，始建于明世宗嘉靖九年，清乾隆十四年扩建。前方为圜丘棂星门，设于圜丘两重壝墙的四面正中。

（2）天坛圜丘（图 5.2.13）。圜丘坛外观为圆形，由三层汉白玉石台基构成，坛外设壝墙两重，内墙圆形、外墙方形，圜丘形圆像天，三层坛制，每层四面出台阶各九级。上层中心为一块圆石，外铺扇面形石块九圈，内圈九块，以九的倍数向外延展，栏板、望柱采用九或九的倍数，象征“天”数。

图 5.2.12　棂星门与圜丘

图 5.2.13　天坛圜丘

（3）皇穹宇（图 5.2.14）。皇穹宇是供奉“皇天上帝”牌位的地方，圜丘、皇穹宇及祈年殿为天坛内三座主要建筑，皆取圆形构图，但形体各异，形成统一的整体艺术构图。

（4）天坛皇穹宇内景（图 5.2.15）。皇穹宇由环转 16 根柱子支撑，外层 8 根檐柱，中间 8 根金柱，两层柱子上设共同的溜金斗拱，以支撑拱上的天花和藻井，殿内满是龙凤和玺彩画，天花图案为贴金二龙戏珠，藻井为金龙藻井。皇穹宇殿内的斗拱和藻井跨度在我国古建筑中是独一无二的。

图 5.2.14　皇穹宇

图 5.2.15　天坛皇穹宇内景

（5）皇穹宇回音壁（图 5.2.16）。皇穹宇的圆形围墙高约 3m，厚逾 1m，蓝色琉璃瓦结顶，是以最光洁的磨砖对缝城砖砌法砌筑。利用这座围墙可作一种传声试验，人的声音在圆形围墙上经过几次折射后，可以由东边传到西边，因此取名“回音壁”。

（6）祈年殿全景（图 5.2.17）。祈年殿是天坛北方的一组建筑群，将正殿祈年殿安置在一块高地上，以三层台基承托，建筑物采用高耸的三层檐攒尖顶。

（7）祈年殿内景（图 5.2.18）。祈年殿由 28 根楠木大柱支撑，柱子环转排列，中间 4 根龙井柱，高 19.2m，直径 1.2m，支撑上层屋檐；中间 12 根金柱支撑第二层屋檐；外围 12 根檐柱支撑第三层屋檐；相应设置三层天花，中间设置龙凤藻井；殿内梁枋施龙凤和玺彩画。

（8）祈年殿室内藻井（图 5.2.19）。祈年殿藻井由两层圆井组成，外层由 12 根金柱上出挑的斗拱承托，斗拱间作出圆形井口天花，圆形井口天花中间留出一个井，色彩对比强烈。

（9）皇乾殿（图 5.2.20）。皇乾殿建于明永乐十八年（1420 年），位于祈谷坛内壝外北侧，由三座琉璃门与祭坛相通，是祈年坛日常供养神位的处所。皇乾殿面阔 5 开间，殿内正中有一方形石台，台上安置神龛，供皇天上帝神主，龛后有硬木雕制的九龙屏风。台西则还有 8 个小型台石，为清代安设配祭的八代祖先神主神龛之处。

图 5.2.16 皇穹宇回音壁

图 5.2.17 祈年殿全景

图 5.2.18 祈年殿内景

图 5.2.19 祈年殿室内藻井

（10）斋宫入口（图 5.2.21）。斋宫建于明永乐十八年（1420 年），是皇帝举行祭天大典前进行斋戒的场所，斋宫坐西朝东，面积约 4 万 $m^2$，呈正方形布局。宫内建有无梁殿、寝殿、钟楼、值守房和巡守步廊等礼仪、居住、服务、警卫专用建筑，均采用绿色琉璃瓦，以两重宫墙、两道御沟围护。斋宫布局严谨，环境典雅，是我国祭祀斋戒建筑的代表作。

图 5.2.20　皇乾殿

图 5.2.21　斋宫入口

# 5.3　宗教建筑

自印度经西域辗转传来的佛教，对我国古代社会文化和思想的发展，产生了深远的影响，并且为我们留下了丰富的建筑和艺术遗产。早期的佛教建筑尚未形成自己的规制，寺庙多为达官富贾捐舍的官府宅邸，如早期的洛阳白马寺即为官署鸿胪寺改建而成。随着佛教在中国的深入传播，佛教建筑逐渐形成中国特有的形制。

## 5.3.1　南禅寺大殿

南禅寺大殿为中国现存最早的木结构建筑，位于山西省五台县城西南 22km 的李家庄。始建年代不详，大殿重修于唐德宗建中三年（782 年）。大殿坐北朝南，面阔、进深各 3 间，平面近方形，单檐歇山顶。檐柱 12 根，其中 3 根抹棱方柱属始建时遗物。殿前有宽敞的月台，殿内无柱。大殿为歇山顶，屋面举折平缓。大佛殿四面出檐深远，檐角处一组粗大的斗拱托举着屋顶的一角，造型舒展而优美。

## 5.3.2　佛光寺大殿

佛光寺位于五台山县城东北 30km 的豆村北，始建于北魏孝文帝时期（471—499 年），唐时极盛一时，是五台山著名的大寺之一。现存东大殿是唐大中十一年（857 年）重建的原物。大殿面阔 7 间，进深 4 间，建筑面积 677$m^2$。屋顶为单檐庑殿，屋坡舒缓大度，檐下有雄大而疏朗的斗拱。大殿平面柱网由内、外两圈柱组成，属于宋《营造法式》中“金厢斗底槽”。柱高与开间的比例略呈方形，斗拱高度约为柱高的 1/2。粗壮的柱身、宏大的斗拱再加上深远的出檐，都给人以雄健有力的感觉（图 5.3.1）。

佛光寺大殿东大殿（图 5.3.2）。东大殿便位于东面最高的台地上，建筑雄伟。大殿前的平台高出前院约 20m，站在殿前西望，可以俯视整个寺院和远处的河谷平川。东大殿面阔 7 间，为单檐庑殿顶，檐下斗拱简洁古朴，柱顶斗拱出挑四层两柱有一组补间铺作。檐柱向内倾侧，角柱略升高，整个大殿的正立面形成优美的曲线。

图 5.3.1 佛光寺大殿

图 5.3.2 佛光寺大殿东大殿

## 5.3.3 嵩岳寺塔

嵩岳寺，又名大塔寺，位于在登封县城西北 6km 太室山南麓（图 5.3.3）。原为北魏行宫，北魏孝明帝正光元年（520 年）舍为佛寺，620 年更名嵩岳寺，至今仅余建于北魏孝明帝正光四年（523 年）的砖塔。嵩岳寺塔是我国现存最古的密檐式砖塔，塔平面为十二边形，是我国塔中的孤例，高 40m，15 层。

图 5.3.3 嵩岳寺塔全貌

## 5.3.4 应县木塔

应县佛宫寺释迦塔位于山西省应县城佛宫寺内，俗称“应县木塔”。建于辽清宁二年（1056 年），金明昌六年（1195 年）增修完毕。是我国现存最高最古的一座木构塔式建筑，也是唯一一座木结构楼阁式塔，为全国重点文物保护单位（图 5.3.4）。

木塔位于属于“前塔后殿”的布局。塔建造在 4m 高的台基上，塔高 67.31m，底层直径 30.27m，呈平面八角形。应县木塔外观共 5 层，底层为重檐，加绕一圈围廊，其上 2 ~ 5 层，每层外柱向内收半个柱径，各层柱子均略向中心倾斜，每层出檐长度也有规律地向内收缩，形成整座木塔逐层收缩的轮廓，配上塔顶 14m 高的塔刹，予人雄伟、稳固、挺拔、秀美的印象。

木塔外檐细部（图 5.3.5）。木塔体量很大，但塔设置向外挑出的平坐与走廊，以及层层飞翘的塔檐，显得轻巧。斗拱与平坐、瓦当等物件，形成明暗对比，富有韵律美。

木塔外檐走廊（图 5.3.6）。木塔内共分 5 层，采取内、外两圈立柱，内柱环绕的空间是佛堂，内、外柱之间的空间称为“外檐”，是供朝拜礼佛之人流活动的通廊。通廊外面是各层出挑的外廊平坐，通廊内有扶梯可供上下。

图 5.3.4　应县木塔全貌

图 5.3.5　木塔外檐细部

图 5.3.6　木塔外檐走廊

## 5.4　民居建筑

民居是人类最早的一种建筑类型。我国由于民族多、幅员广，不同的气候环境、风土人情、文化习俗等因素造成了不同类型的民居，如北京四合院、福建土楼、西藏碉楼、内蒙古毡包、新疆阿以旺等住宅，都各有特点。

微课视频

民居建筑（上）

民居建筑（下）

### 5.4.1　北京四合院

#### 5.4.1.1　概述

北京四合院是我国北方地区最典型的住宅形式，北屋或上房是全宅地位和规模最大者，一般为长辈居住，会客、祭祀的厅堂都也设在北屋。东、西厢房是晚辈居住处，倒座是仆人居住的房间，也可以供来客过夜。北京四合院大门一般设在左前端，进门即是照壁，内院由二门起到正房止，常有游廊围绕。

#### 5.4.1.2　经典建筑赏析

（1）北京某四合院金柱大门（图 5.4.1）。北京四合院大门分为屋宇式与墙垣式两种。屋宇式大门级别高于墙垣式大门。屋宇式大门根据门柱的位置不同又分为广亮

图 5.4.1　北京某四合院金柱大门

门、金柱门、蛮子门、如意门。广亮门位于中柱间，大门里外形成面积相等的门洞；金柱门位于金柱间，大门外的门洞小于门里的门洞；蛮子门直接安放在檐柱上，门外没有门洞。这三种大门都为一开间，如意门则不足一间，大门位置与蛮子门相同。

（2）北京某四合院垂花门（图 5.4.2）。垂花门是院落中间的一个门，也称中门，居北京四合院的中轴线上，其作用是分隔前院与内院，是四合院装饰的重点。垂花门之檐柱不落地，而悬在中柱穿插枋上，檐柱下端多用吊瓜。

图 5.4.2　北京某四合院垂花门

图 5.4.3　北京某宅抄手游廊

（3）北京某宅抄手游廊（图 5.4.3）。一进垂花门后，抄手游廊先向两侧，再向前延伸，沿着院落的外缘而布置，形似人抄手的形状，所以叫抄手游廊。图 5.4.3 为北京礼士胡同某四合院抄手游廊，是从垂花门看东厢房。

## 5.4.2　福建永定客家土楼

### 5.4.2.1　概述

福建、江西、广东一带最具特色的建筑是土楼，土楼的形成与防御有着密切的关系。客家人是从东晋时期由黄河中游一带逐步南迁到现在的江西、福建、广东诸省。为了防御，客家人住宅以聚族而居为主要形式，由单家小屋建成连居大屋，进而建成多层高楼。福建永定客家土楼，堪称客家住宅的典型，有方形土楼和圆形土楼两种形式。

### 5.4.2.2　经典建筑赏析

（1）永定方形土楼五凤楼（图 5.4.4）。方形土楼有五凤楼和普通方形土楼两种，五凤楼式住宅一般由“三堂两落”组成，“三堂”指位于中部南北中轴线上的下堂、中堂和主

图 5.4.4　永定方形土楼五凤楼

图 5.4.5 承启楼内景

楼，“两落”是分别位于两侧的纵长方形建筑（当地称“横屋”）。

（2）承启楼内景（图 5.4.5）。承启楼位于永定县古竹乡高头村，建于清康熙四十八年（1709 年）。“高四层，楼四圈，上上下下四百间；圆中圆，圈套圈，历经沧桑三百年”，就是对该楼的生动写照。外圈 4 层，高 11.4m，每层设 72 个房间；第二圈二层，每层设 40 个房间；第三圈为单层，设 32 个房间。中心为祖堂，全楼共计 400 个房间。

## 5.4.3 碉楼

### 5.4.3.1 概述

碉楼是青藏高原以及内蒙古部分地区常见的居住建筑形式。这是一种用乱石垒砌或土筑的房屋，高有三、四层。底层养牲口和堆放饲料、杂物；二层布置卧室、厨房等；三层设有经堂。由于藏族信仰藏传佛教，诵经拜佛的经堂占有重要位置，神位上方不能住人或堆放杂物，所以都设在房屋的顶层。碉楼墙体下厚上薄，外形下大上小，墙体承重，密肋平顶。建筑平面都较为简洁，一般多为方形平面，也有曲尺形平面。因青藏高原山势起伏，建筑占地过大将会增加施工上的困难，故一般建筑平面占地面积较小，而向高空发展。有的建筑中间设一个小天井。碉楼内部精细隽永，外部风格雄健。

### 5.4.3.2 碉楼建筑

碉楼建筑是石墙或土坯与木梁柱的混合结构，外墙与内墙的承重全部以块石砌筑或全部以土坯砌筑，或为二者混用，砌筑的石材选择较方整的毛石，以阿嘎土作灰浆，不勾缝。外墙收分为 10 ∶ 1，形成下大上小的造型，故墙体非常坚固，不易坍塌。

## 5.4.4 阿以旺

### 5.4.4.1 概述

阿以旺是新疆维吾尔族民居的传统建筑形式，以阿以旺厅而得名。“阿以旺”是维吾尔语，意为“明亮的处所”，主要分布在新疆和田地区。住宅一般分前后院，后院是饲养牲畜和积肥的场地，前院为生活起居的主要空间。图 5.4.6 为西藏琼结县藏族住宅。

图 5.4.6 西藏琼结县藏族住宅

#### 5.4.4.2 建筑赏析

（1）喀什民宅“阿以旺”厅室内透视（图 5.4.7）。“阿以旺”即一种带有天窗的夏室（大厅）。这种房屋连成一片，庭院在四周。带天窗的前室称阿以旺，又称“夏室”，有起居、会客等多种用途。后室称“冬室”，是卧室，通常不开窗。住宅的平面布局灵活，室内设多处壁龛，墙面大量使用石膏雕饰。

（2）喀什民宅（图 5.4.8）喀什、和田等处用砖、土坯外墙和木架、密肋相结合的平顶住宅结构，依地形组合为院落式住宅。城市空间、街道风情在显示了西部边陲城市的特有风貌。因城市建筑用地较少，所有喀什民居多为两层以上的楼房。

图 5.4.7 喀什民宅“阿以旺”厅室内透视

图 5.4.8 喀什民宅建筑细部

## 5.5 陵墓建筑

陵墓建筑是中国古建筑的重要组成部分，历代帝王陵墓形制受当时社会思想、国力强弱、营建技艺的影响迭更演变。周代以前多建地下大椁大墓，地面不树不封；秦代中央集权，皇陵出现高大封土，奠定帝王陵墓的总体格局；汉袭秦制，但因砖石建筑技术发展，大量使用砖石结构；唐代国力强盛，盛行厚葬，墓葬追求高敞，帝王多以山为陵；宋代与辽、金、西夏长期征战，国势日衰，帝陵相形简朴；明清两代尊儒崇礼，重视传统，帝陵多仿宫殿形式营建，出现多进院落组合的陵墓建筑。帝王陵墓集中反映了中国古代建筑极其辉煌的艺术与技术成就，明十三陵是陵墓建筑中的典型代表。

### 5.5.1 概述

明十三陵是明代 13 个皇帝陵寝集群的总称，位于北京城北 45km 处的昌平区天寿山南麓。十三陵寝以成祖朱棣的长陵为中心，结合自然地形，背负山峦，面向平原，沿山麓散布，彼此呼应，形成一个气势磅礴、宏伟壮观的帝王陵寝群。它们分别是成祖朱棣的长陵、仁宗朱高炽的献陵、宣宗朱瞻基的景陵、英宗朱祁镇的裕陵、宪宗朱见深的茂陵、孝宗朱祐樘的泰陵、武宗朱厚照的康陵、世宗朱厚熜的永陵、穆宗朱载垕的昭陵、神宗朱翊钧的定陵、光宗朱常洛的庆陵、熹宗朱由校的德陵、思宗朱由检的思陵（图 5.5.1）。

十三陵开创了共用神道的先例，神道南端左右各有小丘，如同双阙，使整个陵区具有宏伟、开阔的气势。神道自石牌坊起至陵园正门，长 6.6km。石牌坊是整个陵区最南端的建筑物，也是陵区的入口。由石牌坊北行1000 余米即为陵区的大门大宫门，门有三洞，红墙黄瓦庑殿顶。两侧原有环绕陵区的红墙一道，长 40km，现已毁坏。大宫门以北为神功圣德碑亭，碑亭四角各立汉白玉华表一座，碑亭以北为石象生群，以望柱为先导，后有石兽 12 对，文武臣石人 6 对，石象生群的北端为棂星门，又叫龙凤门，它是陵区的第二重门，棂星门由 3 组并列的二柱石门和 4 组矮墙组合而成。石门上方饰有石雕火焰宝珠，整座门坊造型奇特。自棂星门北行 4km，穿越温榆河，即达长陵的陵园祭祀建筑区。

图 5.5.1 明十三陵总体布局

十三陵中其他各陵祭祀建筑群的形制与长陵基本一致。只是在规模上不及长陵宏大。但有些陵中的建筑，其豪华程度却超过长陵，如永陵、定陵。定陵地宫位于地下约 27 米处，由前、中、后、左、右五个高大宽敞的殿堂组成，全部为石拱券结构。各殿之间有甬道相连。前、中、后三殿入口处各有一道汉白玉石门及门罩，门罩上雕有精美的龙凤和吻兽，造型稳重简洁。中殿按品字形放置着神宗及两位皇后的石制宝座，宝座前有小型石五供和点燃长明灯的大油岗。后殿是地下宫殿最大的一个殿，是地宫的主要部分。

## 5.5.2 经典建筑赏析

（1）石牌坊。石牌坊为陵区前的第一座建筑物，建于嘉靖十九年（1540 年），为五间六柱十一楼式，全部用汉白玉雕砌（图 5.5.2）。在额枋和柱石的上下，刻有龙、云图纹及麒麟、狮子等浮雕。各式雕饰形象生动活泼，刀法浑圆有力，显示明代石雕艺术的特点。整个牌坊结构恢宏，雕刻精美，反映了明代石质建筑工艺的卓越水平。

（2）大宫门（图 5.5.3）。此门又称为大红门，是十三陵的大门。坐落于陵区的正南面，为陵园的正门。整栋建筑以砖、石砌筑，上覆单檐庑殿顶，饰黄琉璃瓦。其下开三个拱券门洞，大红门外东、西两侧设有下马碑，以汉白玉做成，上刻“官员人等至此下马”凡是前来祭陵的人，都必须从此步入陵园，以显示皇陵的无上尊严。

图 5.5.2　石牌坊

图 5.5.3　大宫门

（3）神功圣德碑楼与华表（图 5.5.4）。碑楼位于大红门以北的神道中央，平面为正方形，四面正中开阔拱券门洞，上覆重檐歇山黄瓦顶，形体宏伟壮丽。碑楼外四隅各立有汉白玉石华表一座，华表顶饰石兽与尽盘，柱身上端插有云板，柱身通体雕饰云龙，龙身盘绕石柱。华表与碑楼在体型与色彩上互成对比，相映成趣，在严峻的帝陵建筑中独树一帜。

（4）神道及石象生。明十三陵基本上仿照孝陵，但多设立四座勋臣石象生。图 5.5.5 为出碑楼向北远眺，可见神道通向北方。18 对石象生以平面为六边形的左、右两根望柱为前导，整齐地排列在神道两侧。

图 5.5.4　神功圣德碑楼与华表

图 5.5.5　神道及石象生

（5）长陵祾恩殿（图 5.5.6）。长陵祾恩殿是嗣皇帝祭祀永乐帝后的场所，建筑在汉白玉雕刻成的三层台基上，殿面阔九间 66.56m，比太和殿还宽，进深五间 29.12m，是中国古建筑中规模最大的殿堂之一。所有木件全用金丝楠木为之，古色古香。1 米多直径，十几米高的 60 根金丝楠木大柱，承托着 2300$m^2$ 的重檐庑殿顶，雄伟壮观、举世无双。最粗的一根重檐金柱，高 12.58m，底径达到 1.124m，为世间罕见佳木。

（6）长陵方城明楼与二柱门。长陵坐北朝南，共三进院落：陵门至陵恩门为第一进院落，陵恩门至内红门为第二进院落，内红门以北为第三进院落。图 5.5.7 为自内红门望二柱门及方城明楼，方城明楼是第三进院落的主体建筑，高大端庄，与小巧绚丽的二柱门互为对比，相互辉映。二柱门柱上各立一石兽，造型精巧，两柱间覆黄

图 5.5.6 长陵祾恩殿

图 5.5.7 长陵方城明楼与二柱门

琉璃瓦顶，下饰斗拱及彩画。

（7）明十三陵全景（图 5.5.8）。十三陵是明代诸帝的陵寝，除明太祖朱元璋葬于南京孝陵外，其余多葬于北京附近，成为一个统一的陵区，但各陵建于一个小山下，各为一个独立单位。

（8）明十三陵永陵。永陵是明世宗朱厚熜的陵寝，位于阳翠岭南麓，是十三陵中最华丽的帝陵之一。其地面建筑之精美不亚于明长陵。图 5.5.9 为永陵陵恩殿前丹陛石。永陵陵恩殿早已遭焚毁，仅余台基，台基中央的丹陛石雕饰精美，在十三陵中当属首屈，为明代中期石雕艺术的代表作。陵恩殿台基后可见方城明楼，乃由青石砌筑，十分坚固，至今未见丝毫毁损。

图 5.5.8 明十三陵全景

图 5.5.9 明十三陵永陵

（9）定陵地宫前殿门罩。定陵地宫埋葬于宝城下约 27m 处，墓室以中间 3 进为主，后进是帝后棺室，全部为石结构，并开拱券形门罩。前、中殿联结起来形成一个长方形的甬道，后殿则横在顶端。图 5.5.10 为定陵地宫前殿门罩，以汉白玉石雕琢而成，十分精美。门罩上部有庑殿顶，檐下有匾与椽联结，匾内无字，门罩下部设须弥座，雕刻精美。

图 5.5.10　定陵地宫前殿门罩

图 5.5.11　定陵宝城

（10）定陵宝城（图 5.5.11）。定陵始建于神宗万历十二年，万历十八年完工，现地面建筑多已倾毁，仅方城明楼与宝城留存至今。宝城居陵园的最后部分，由城墙围作圆形，宝城前方与方城明楼相接，宝城以内是宝顶，宝顶之下即为埋葬帝后的地宫。宝城城墙全部以砖砌成，磨砖对缝，不露灰浆。墙外侧设垛口，内置矮墙，顶部铺砖。墙顶广阔，可以行走，与其后诸山相映衬，更增添其雄伟气氛。

## 5.6　园林建筑

中国是世界上最早进行造园活动的国家之一。从整个造园过程来看，大致可分为以下几个主要阶段：

（1）专供畋猎阶段（商周时期）。最早的园林是商朝晚期出现的专供天子畋猎的"囿"，囿中建有供天子登临"观四方""望氛祥"的台，台上的建筑物称作"榭"。此后，"高台榭、美宫室"便成为中国封建社会一个延续久远的传统。

（2）神话迷信阶段（秦汉时期）。秦始皇梦想长生不老而做过许多荒诞之事。据《史记》载，有方士庐生向始皇进言，务使皇帝居处隐秘不为人知，才能遇仙得到不死之药，于是始皇下令在咸阳城 200km 内建复道将全部宫观连接起来，使人无法知道他的行踪和居处。在离宫别馆中大量建造廊子的做法，大概始于此。在我国古代神话传说中，东海里有蓬莱、方丈、瀛洲三座仙山，山上长满了长生不老药，住着长寿快乐的神仙。封建帝王都梦想万寿无疆与长久统治，自从汉武帝在长安城修建了象征性的"瑶池三仙山"开始，"一池三山"就成为历代皇家园林的传统格局。

（3）返璞归真阶段（魏晋南北朝时期）。长达 300 年的魏晋南北朝是中国历史上社会大动荡时期，神话迷信思想在统治阶层中已不如秦、汉时流行，反而是对现世的享乐看得更为重要。人们对山水的认识从物欲享受提高到"畅神"的纯粹精神领略阶段。讴歌大自然、回归大自然是这一时期园林建筑的主旋律。此时的园林着重对池山形态的描述。

（4）自然美成熟阶段（隋唐时期）。这一时期的园林，已不是纯粹的模仿自然，而且讲究园林本身的形式了。山水画、山水诗、山水散文的发展，推动了山水园林的发展，使园林建设也开始注重诗情画意的意蕴。堑山引水、穿池筑山，已成为熟练的造园技巧。

（5）精致浓缩阶段（宋元时期）。汉、唐以来诗文书画的长期孕育，使宋元时的园林，开始注重"神理兼备"，园林之"神"，可与绘画相比。此时的园林已进入以人工再现自然山水胜景的艺术殿堂。

（6）炉火纯青阶段（明清时期）。随着社会经济的发展和统治阶级的生活需要，明清时期的园林艺术出现了繁盛的局面，园林艺术也达到了“炉火纯青”的地步，皇家苑囿和私人园林的数量、规模都大大超越前代，特别在绘画、诗文影响下，在意境设计、气氛渲染上有着不少值得重视的创造。明清园林重在求“意”。园林之“意”表达的是人与园或人与自然的内在关系。

微课视频

园林建筑（上）

园林建筑（下）

## 5.6.1　皇家园林

我国的园林建筑主要有皇家园林和私人园林两类。从现存的皇家园林来看，北京颐和园保存的最为完整，也最为典型。

### 5.6.1.1　颐和园

颐和园（又名“清漪园”）地处北京西北郊，附近玉泉山有清冽的泉水，金代时山上即建有行宫，玉泉山泉水汇成瓮山前的大片湖泊（七里泊），明代称七里泊为西湖，清代乾隆皇帝为了给其母庆贺六十寿辰，开始了以瓮山西湖为主体的清漪园大规模营建工程，并将瓮山更名万寿山，西湖名为昆明湖。园在 1886 年遭到英法联军的焚烧洗劫，慈禧太后为了满足其穷奢极欲的生活挪用海军经费进行修复，并更名为颐和园（图 5.6.1）。

图 5.6.1　颐和园平面图

颐和园作为封建皇帝的离宫，集当时南北园林建筑之长而兼备官廷、庭园之特色。其布局根据使用性质和所在区域大致可分为三个部分：以仁寿殿为中心的政治活动区；乐寿堂、玉澜堂、德和同等生活区；及以万寿山昆明湖为主的湖山游览区。政治活动区是皇帝处理政事、召见群臣之处。生活区中乐寿堂是皇帝居住地，德和楼是大戏台。基本上都是严谨的殿堂形制，装修布置豪华富丽，但院中布置假山遍植花木，一定程度上减弱官廷严肃呆滞的气氛，与园林相映成趣。

万寿山和昆明湖是全园的主体，占据了绝大多数面积，较成功地利用天然地势精心进行了点缀营建。万寿山是全园制高点，隆起于昆明湖北岸，在前山从下到顶布置了一系列气势宏伟的建筑群，层层排列，雕梁画栋金碧辉煌，从山腰的排云殿至山麓的佛香阁智慧海而达高潮，在中轴线主体建筑的两旁还布置有不同风格的亭台楼阁，登之可鸟瞰全湖景色。这些富丽的殿阁，以精美的形制和鲜明的色彩与山势和葱绿的树色相结合，构成壮丽优美的形象。而横贯山下的一条长 728m 的彩画长廊像一条彩带一样，将湖山游览区与生活区连贯起来。万寿山前广阔的昆明湖，碧波荡漾，又筑以长堤将湖面分为三部，堤上遍植桃柳，又布置种种不同风格的桥，在形象及色彩上都增添了变化。纵目西望，玉泉及西山诸峰尽收眼底，巧妙地将园外景色收入园内，用借景手法扩大了视野，使景色更加壮美。

颐和园后湖后山古树参天，曲径通幽，与前山相比别有清幽境界，这里山上原建筑有藏式庙宇，临湖有仿江南市肆的街道也都别具一格。颐和园湖滨及环山还布置了许多精巧的亭榭及优美庭院，特别是位于后湖东端的谐趣园，园中池水清澈，周围用曲折的游廊连接亭台楼阁，系仿自无锡寄畅园，具有江南特色。

#### 5.6.1.2 经典建筑赏析

（1）佛香阁（图 5.6.2）。佛香阁是全园的中心建筑，更是颐和园的标志。位于万寿山前山，建筑外观为八面四层楼式，八角攒尖顶，高 41m，下有 20m 高的石台基，两道斜长阶梯与其下排云殿等堂屋相连，气势宏伟，景观突出。

（2）排云殿（图 5.6.3）。排云殿原为清漪园大报恩延寿寺大雄宝殿，清咸丰十年（1860 年）被英法联军烧毁，清光绪十二年（1886 年）在其废墟上建成排云殿，是为慈禧祝寿的场所。排云殿建筑饰朱柱黄琉璃瓦，立于汉白玉石须弥座之上，外观十分宏伟华丽。“排云”取意于晋郭璞《游仙诗》中“神仙排云出，但见金银台”，是把此处比做神仙宫殿。

图 5.6.2　佛香阁

图 5.6.3　排云殿

（3）仁寿殿（图 5.6.4）。仁寿殿原为勤政殿，位于东宫门内，是政治活动区，清光绪十二年（1886 年）重建，取《论语》中“仁者寿”之意，改名仁寿殿。是慈禧和光绪住园期间临朝理政、接受恭贺和接见外国使节的地方，为颐和园听政区的主体建筑。殿前有一宽阔庭院，摆设许多铜铸文物，正殿阶前立有铜鼎、铜龙、铜凤，庭院正中则是中国传说中造型奇特的麒麟祥兽，制作精美，神态生动。整体建筑十分雍容华贵，与颐和园其他各地建筑相互辉映。

（4）玉澜堂（图 5.6.5）。玉澜堂始建于清乾隆十五年（1750 年），原为一组四通八达的穿堂殿。清咸丰十年（1860 年）被英法联军烧毁，清光绪十二年（1886 年）重建，是光绪皇帝在园内的寝宫。清光绪二十四年（1898 年）戊戌变法失败后，慈禧命人将院落封闭，此处即成为园内幽禁光绪皇帝的地方。

图 5.6.4 仁寿殿

图 5.6.5 玉澜堂

（5）知春亭（图 5.6.6）。知春亭建于昆明湖东岸边、玉澜堂前的小岛上，亭名取自唐朝诗人王勃诗句“飞鸟村觉曙，鱼戏水知春”，有“春江水暖鸭先知”之意。此处是饱览万寿山、昆明湖全景和玉泉山、西山借景最好的观景点。为重檐攒尖式建筑，朱珠灰瓦，造型潇洒又不失端庄。

（6）铜牛（图 5.6.7）。铜牛位于昆明湖东岸，铸造于清乾隆二十年（1755 年），称为“金牛”，卧伏于雕花石座上，神态生动，形似真牛，据传是为镇压水患而置。

图 5.6.6 知春亭

图 5.6.7 铜牛

（7）十七孔桥（图 5.6.8）。十七孔桥始建于清乾隆十五年（1750 年），位在南湖岛（俗名“龙王庙”）和廓如亭之间，是中国传统园林中最长的一座石桥，因有 17 个桥券洞而得名。桥头及桥栏望柱上雕有 500 多只形态各异的石狮，桥栏的两端有 4 只石雕的异兽，威猛雄健，当属清代石雕艺术品中的杰作。

（8）廓如亭（图 5.6.9）。廓如亭位于铜牛南面、十七孔桥之东的岸上，是一座八角重檐、体量硕大的攒尖顶亭，由内外三圈 24 根圆柱和 16 根方柱支承。外观平稳庄重，色泽朴雅近人，形式雄浑凝重，其体量大小和十七孔桥十分均衡，其形式也具有强烈的对比效果。此亭可四面观景，视界开阔，故名“廓如”。

图 5.6.8　十七孔桥

图 5.6.9　廓如亭

（9）涵虚堂（图 5.6.10）。涵虚堂位于南湖岛上，是岛的主体建筑，与佛香阁隔湖相望。卷棚顶七开间建筑，露台四周立有精美栏杆，色泽玉白，与主体建筑梁柱的朱红形成鲜明对比。是夏秋时节帝后赏月的绝佳之所。

（10）玉带桥（图 5.6.11）。玉带桥建造于清乾隆年间，拱高而薄，桥身、桥栏用青白石和汉白玉石雕砌，呈曲线形，宛若玉带，故得此名。桥下为昆明湖的入水口，西通玉河，当年帝后乘船由清漪园至玉泉山，往返均过此桥。

图 5.6.10　涵虚堂

图 5.6.11　玉带桥

（11）石舫（图 5.6.12）。石舫又称清晏舫，取“海清河晏”之意，始建于清乾隆二十年，清咸丰十年被英法联军焚毁，仅船体留存。慈禧太后重建时，改以法国游艇式样，并于船身加上石轮。船体用巨大石块砌造，上部为两层木构楼舱，但外面漆成大理石色，所以通体外观如同石造。这艘停泊在湖边的巨舫，其石质的沉重感与它能漂浮于水面的形式之矛盾，造成了极大的戏剧性。

（12）长廊及彩画（图 5.6.13）。长廊始于乐寿堂西的邀月门，止于石舫东面的石丈亭，全长 728m，共有 273 间，是中国古典园林中最长的游廊。廊的中间建有留佳、寄澜、秋水、清遥四座八角重檐的亭子，依山临水，以排云殿为中心，向东西两边对称地展开，将分布在万寿山前的建筑连成一气。枋梁上还绘有人物、山水、花鸟等各种彩画 8000 多幅。

图 5.6.12　石舫

图 5.6.13　长廊及彩画

（13）谐趣园（图 5.6.14）。谐趣园位于颐和园的东北角，清乾隆十六年（1751 年）仿江南名园无锡惠山的寄畅园而建，原名惠山园。清嘉庆十六年（1811 年）重修，取“以物外之静趣，谐存田之中和”而改成今名。园内以荷池为构图中心，环池设有亭、榭、廊、轩、桥，布置曲折，处处皆成佳境，是中国最负盛名的“园中之园”。

（14）苏州街（图 5.6.15）。苏州街原称买卖街，乾隆时仿江南水乡而建，是专供清代帝后逛市游览的一条水街，街全长 300 余米，河岸曲折有致，港汊支路萦绕，一派江南水乡景象。沿岸设有茶馆、酒楼、药房、钱庄、帽店、首饰铺、点心铺等各色店铺，全部商铺的门脸均为清代北京的流行式样，是南北风格的结合。

图 5.6.14　谐趣园

图 5.6.15　苏州街

## 5.6.2 私人园林

私人园林也称“私园”，以江南园林最有名，首推苏州的拙政园和留园。

### 5.6.2.1 拙政园

拙政园位于苏州市内，始建于明正德四年（1509 年），由明弘治时御史王献臣所建（图 5.6.16）。建园之初，曾请吴门画派的代表人物文徵明为其设计蓝图，形成以水为主，疏朗平淡，近乎自然风景的园林。王因仕途不利，故园名取晋时潘岳《闲情赋》中“灌园鬻蔬……此亦拙者之为政也”的句意，名之“拙政”以为自嘲。王献臣死后，其子一夜豪赌，将园输给徐氏，其子孙后亦衰落。以后屡次更换园主，几次增建园亭和堆置丘壑，使园景有很大改变。

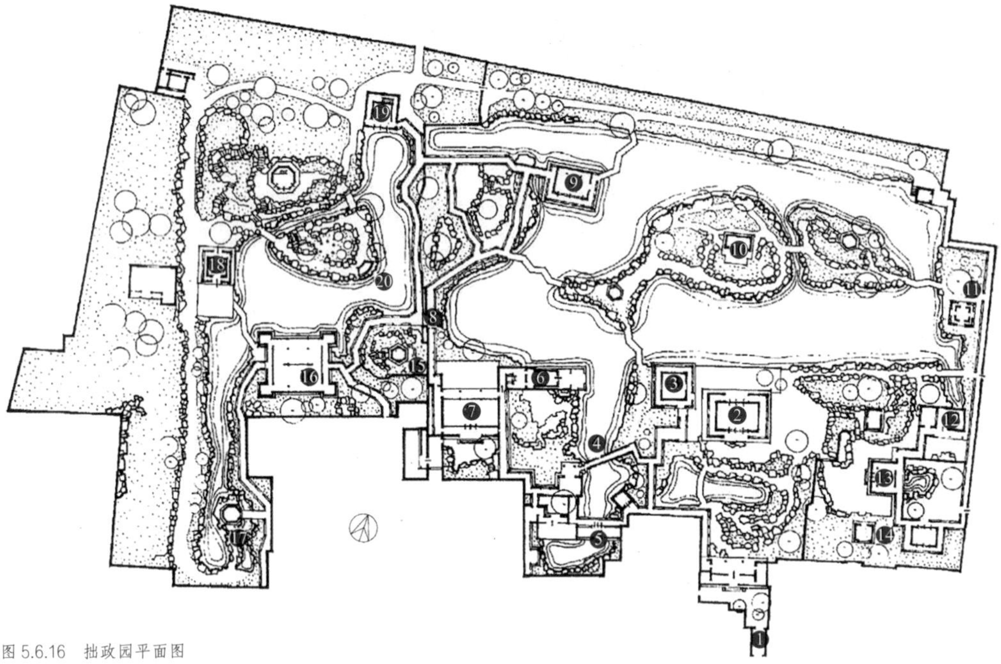


图 5.6.16 拙政园平面图

拙政园现在包括中部、东部和西部三个部分，全园总面积约 62 亩 ❶ 。其中中部是拙政园的精华，面积约 18.5 亩，池水占 1/3。其布局以水池为中心。临水布置了高低错落，形体不一的建筑，主次分明。亭台楼榭皆临水而建，有的亭榭则直出水中，具有江南水乡的特色。远香堂是主体建筑，居中心位置，隔池与东西两山岛相望，山岛上各建一亭，西为“雪香云蔚亭”，东为“待霜亭”，四季景色因时而异。东南隅有枇杷园和海棠春坞，西北隅池中见山楼与长廊柳荫路曲组成一个以山石花木为中心的廊院。远香堂之西的“倚玉轩”与其西船舫形的“香洲”遥遥相对。

西部主要建筑为靠近住宅一侧的三十六鸳鸯馆，是当时园主人宴请宾客和听曲的场所，厅内陈设考究。晴天由室内透过蓝色玻璃窗观看室外景色犹如一片雪景。三十六鸳鸯馆的水池呈曲尺形，其特点为台馆分峙，装饰华丽精美。回廊起伏，水波倒影，别有情趣。西部另一主要建筑“与谁同坐轩”乃为扇亭，扇面两侧实墙上开着两个扇形空窗，一个对着“倒影楼”，另一个对着“三十六鸳鸯馆”，而后面的窗中又正好映入山上的笠亭，而笠亭的顶盖又恰好配成一个完整的扇子。

---

❶ 1亩≈666.7m$^2$。

东部原称“归田园居”，是因为明崇祯四年（1631年）园东部归侍郎王心一而得名，约31亩。因归园早已荒芜，全部为新建，布局以平冈远山、松林草坪、竹坞曲水为主，配以山池亭榭，仍保持疏朗明快的风格，主要建筑有兰雪堂、芙蓉榭、天泉亭、缀云峰等，均为移建。

### 5.6.2.2 经典建筑赏析

（1）远香堂（图5.6.17）。远香堂是拙政园中部的主体建筑，建于原若墅堂的旧址上，为清乾隆时所建，堂采四面庭式建筑。经由四周长窗可看到周围不同的景色，堂内装饰透明玲珑的玻璃落地长窗，规格整齐，由于长窗透空，四周景物尽收眼底。

（2）小飞虹（图5.6.18）。小飞虹是一座横跨于香洲东南方之港汊的廊桥。此特殊的廊桥形式，在苏州园林中是一孤例，廊桥曲折有致，拱顶微弯，状若飞虹，故以为名。透过小飞虹可远眺荷花四面亭、见山楼及倚玉轩诸处，园景深不可测，充分发挥园林造景之小中见大的意趣，是拙政园的经典景观。

图5.6.17 远香堂

图5.6.18 小飞虹

（3）香洲（图5.6.19）。香洲位于远香堂之西，为舫式结构，有两层楼舱，通体显得高雅而洒脱。建筑正面向东，两面临池，犹如泊岸待航，后部为二层，下层分为船头和中舱两部分。中舱置大镜一面，入仓可见池东景物跃入镜中，此乃造园的戏剧性手法。三舱高低不一，虚实相辅，透空玲珑，别生情趣。香洲寄托了文人的理想与情操。古时常以香草来比喻清高之士，此处以荷花景观来寓意香草。

（4）别有洞天（图5.6.20）。拙政园原已划分为中、西部二园，其间有界墙分隔，此亭即位在两者之间。亭内开有一月洞门，可经此门达拙政园西部，门洞特深，因是两园界墙，虽非有意为之，却又框景作用，以及引导注意力的效果。

图5.6.19 香洲

图5.6.20 别有洞天

（5）柳荫路曲（图 5.6.21）。别有洞天北行即达柳荫路曲，曲廊回弯有致，两旁遍植奇书异花，一侧载柳数株，因而得名。回廊皆以木料构件，间以悬挂灯笼数个，色泽雅朴，毫无矫作之气。

（6）见山楼（图 5.6.22）。见山楼是拙政园中较大的建筑实体，“见山”一名取自诗句“松山不见山”反其意用之。此楼三面环水，两侧傍山，西侧有一桥廊与外相通，建筑体外观为二层，底层被称作“藕香榭”，上层为见山楼。造型轻盈舒展，营造精丽。登楼远眺，可将中园美景尽收眼底。

图 5.6.21 柳荫路曲

图 5.6.22 见山楼

（7）雪香云蔚亭（图 5.6.23）。雪香，指梅花；云蔚，指花木繁盛。位在岛山的主峰上，与远香堂隔池相望。亭为矩形，前面临崖伸出平台，是纵览园池全景的佳处。自亭前平台举目望去，园内佳境，尽入眼底，虽非举世高峰，登临此亭，却有登高望远、遗世而居的孤傲之感。

（8）梧竹幽居（图 5.6.24）。梧竹幽居位于中部水池的东端。亭的四面均设月洞门并环以廊，造型别致。建筑风格独特，构思巧妙别致，透过月洞，可看到重叠交错的分圈、套圈、连圈的奇特景观，远山近水、楼榭亭桥尽入眼中，和环境、景观颇能适切配合。东面是出入口，亭外有竹，有梧，故以梧竹为名。“梧竹幽居”匾额为文徵明题。

图 5.6.23 雪香云蔚亭

图 5.6.24 梧竹幽居

（9）海棠春坞（图 5.6.25）。海棠春坞位于修倚亭东侧，是一小型封闭式的小庭院。建筑面积不大（约 $130m^2$），但造园精细，建筑高超，使其显得细巧、空灵、无闭塞、局促之感，院中院内海棠两株，如西府海棠及垂丝海棠，庭院铺地用青红白三色鹅卵石镶嵌而成海棠花纹，与海棠花相呼应。庭院虽小，却清静幽雅，是读书休憩的理想之所。

（10）倒影楼（图 5.6.26）。倒影楼在拙政园西园北部，倒影楼以观赏水中倒影为主，楼分两层。池端立楼，无论在此观景或是作为景观，皆有以外的佳境。

图 5.6.25　海棠春坞

图 5.6.26　倒影楼

（11）三十六鸳鸯馆（图 5.6.27、图 5.6.28）。三十六鸳鸯馆为拙政园西园的主要建筑物，南部为“十八曼陀罗花馆”，北部名“卅六鸳鸯馆”，曼陀罗花即山茶花。北厅因临池曾养 36 对鸳鸯而得名。这是古建筑中的一种鸳鸯厅形式。建筑北面临池，并以高椿插入池边，平面呈方形，用屏门飞罩分隔为面积相等、装饰相似的前后两区，且每角附有 4 个耳室。此馆环境幽雅，陈设古色古香，主人曾在此宴友、会客、听曲、休憩。

图 5.6.27　三十六鸳鸯馆

图 5.6.28　三十六鸳鸯馆内景

（12）与谁同坐轩（图 5.6.29）。与谁同坐轩又称“扇亭”或“笠亭”。苏东坡有词“与谁同坐？明月、清风、我”，故名“与谁同坐轩”。轩依水而建，平面形状为扇形，庭内门窗及石桌、凳椅均为扇形。经窗外视，景色亦佳。人在轩中，无论是倚门而望，凭栏远眺，还是依窗近观，小坐歇息，均可感到前后左右美景不断。

图 5.6.29　与谁同坐轩

### 5.6.2.3　留园

1. 留园

留园位于苏州阊门外，原是明嘉靖年间徐泰的东园，园以奇石著称。此园于明末荒芜，清嘉庆时改建，称寒碧山庄，时称刘园，其后又改作留园。主要是在原寒碧山庄的基础上修建的（图 5.6.30）。

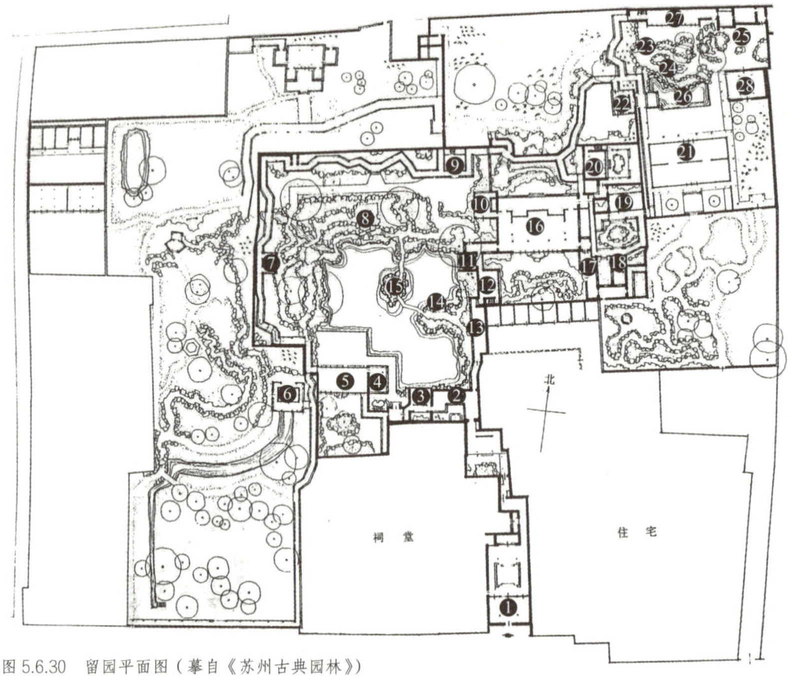


1—大门
2—古木交柯
3—绿荫
4—明瑟楼
5—涵碧山房
6—活泼泼地
7—闻木樨香轩
8—可亭
9—远翠阁
10—汲古得绠处
11—清风池馆
12—西楼
13—曲溪楼
14—濠濮亭
15—小蓬莱
16—五峰仙馆
17—鹤所
18—石林小屋
19—揖峰轩
20—还我读书处
21—林泉耆硕之馆
22—佳晴喜雨快雪之亭
23—岫云峰
24—冠云峰
25—瑞云峰
26—浣云池
27—冠云楼
28—伫云庵

图 5.6.30　留园平面图（摹自《苏州古典园林》）

留园内分 4 个景区，主体是中部，留园中部是山池景区，池北和池西是假山，池南是主体建筑涵碧山庄和明瑟喽，仍保存着明代的布局形式。池北假山上建可亭，西面有闻木樨香轩。池东为曲谷楼和西楼。水池中有小蓬莱岛，东岸有半岛伸出，上有濠濮亭。岛间有曲桥相连。留园东部建筑密集，以院子与厅堂、楼馆、斋轩组合起来，空间处理得很有艺术特色。这组庭院以楠木庭五峰仙馆为中心。在五峰仙馆东是鸳鸯厅林泉耆硕之馆，其北侧庭院中有著名的太湖石冠云峰，峰高三丈，具备瘦、皱、透、漏的特点。留园的空间组合与联系十分巧妙，使不同大小、明暗、开合的空间交叉对比，相互衬托，景色富于变化和层次。留园中有许多精巧的漏窗、花窗，形成丰富的窗景，使人应接不暇。

2. 经典建筑赏析

（1）古木交柯（图 5.6.31）。“古木交柯”为留园十八景之一。南面庭院，靠墙筑有明式花台一个，正中墙面嵌有“古木交柯”砖匾一方，花台内植有柏树、云南山茶各一，仅二树、一台、一匾，就形成一幅耐人寻味的画面，运用了传统国画中最简练的手法，化有为无，化实为虚，使整个空间显得干净利落，疏朗淡雅。北侧墙面上作漏窗数个，经由漏窗可隐约望见园内的山、池，无形之中加深了景观及空间层次。

（2）华步小筑（图5.6.32）。华步小筑是绿荫轩南侧一个极狭小的天井。在高大的粉墙前面，布置了石笥和石组、青藤和翠竹，放眼望去有如一幅生趣盎然的小品画跃然纸上。石组上方的粉墙上嵌有砖刻“华步小筑”四字，因留园所在地原名称“华步里”，故有此额。留园占地虽不甚广阔，但园内建筑形体大、数量多且密集，故采取一系列小空间和大空间交互穿插，加之庭院之间半隔半透，使原本局促的庭院，形成多层次的画面和透漏的感觉，减少狭窄逼隘之感，为园景增色不少。华步小筑即是上述之一例。

图5.6.31 古木交柯

图5.6.32 华步小筑

（3）明瑟楼（图5.6.33）。明瑟楼是留园中的主要建筑之一，取郦道元《水经注》中“目对鱼鸟，水木明瑟”之意而名，位于池南，北对山池主景，楼为二层半间，卷棚单面歇山造，楼上三面置有明瓦和合窗，楼梯在外，用太湖石堆砌而成，梯边一峰屹立，上镌“一梯云”三字。楼梯面东墙上，有董其昌书“饱云”二字砖匾一块。二楼室内的砖框花窗和合窗、窗格、木栏杆和鹅颈椅，造型均称优美，而园内的树木布置及古树名木也自有特色。

（4）可亭（图5.6.34）。可亭建造在留园中部的假山之上．位于

图5.6.33 明瑟楼

图 5.6.34　可亭

最高处，为六角攒尖顶亭，以双层荷花承托花瓶为亭的宝顶。亭比一般的体积要小，显得小巧秀雅，但和假山浑然一体，成为中部风景构图的中心。登亭临眺，中部全园四周佳景皆收眼底，且可欣赏园中景致的四季变化。向东，春季可观曲溪楼，桃红柳绿，波光亭影，绰约生姿；向北，夏季可览远翠阁，竹影婆娑，摇曳风动，令人爽目；向西，秋季可眺闻木樨香轩，落霞枫红，颇有“满目青山夕照明”的高远；向南，冬季可看涵碧山房和眼前的漫山湖石，似有北国风光的壮观。那涵碧山房与明瑟楼，似一艘航船正远航归来。而秀雅的可亭，作为园内的一帧山景，更将留园中部景区点缀得瑰丽多姿。

图 5.6.35　清风池馆

（5）清风池馆（图 5.6.35）。从曲溪楼北行，有水榭名“清风池馆”，取苏东坡《赤壁赋》中“清风徐来，水波不兴”之意而命名，水榭的西侧完全开敞临水，凭栏可观赏池西全景，近览濠濮亭、小蓬莱，远眺山林可亭、闻木樨香轩和明瑟楼，山池景色历历在目。馆旁古树峰石交相掩映衬托，使位于水池一隅的池馆更显得幽雅清静。馆中有对联：“墙外春山横黛色，门前流水带花香”和“松阴满石闲飞鹤，潭影通云暗上龙”，两联切题点景，借景抒情，使人们产生美好的联想。

（6）曲溪楼（图 5.6.36）。曲溪楼位于水池东部，北与戏楼相邻，南有回廊可通达古木交柯，西侧可隔水眺望明瑟楼。曲溪楼是一座五开间的楼房，进深仅 3m 左右，入楼后并无穿行过道之感。故楼不纯属走廊作用，亦难以起正式用途，其真正作用无非是为了造景。楼内窗框门洞形成了一幅幅美妙的框景，处于室内，可隐约望见窗外花木、石水等美景，屋顶翼角高扬，远望十分秀丽美观。

（7）五峰仙馆（图 5.6.37）。五峰仙馆位于留园的东侧，是中部厅堂建筑区的主体。大厅面阔五开间，高大豪华，由于梁柱及家具均以楠木制作，俗称为楠木厅，厅内装修精丽，陈设雅洁大方，为江南厅堂的典型代表。馆名取自李白诗“庐山东有南五老峰，青天秀出金芙蓉”。

图 5.6.36　曲溪楼

图 5.6.37　五峰仙馆

五峰仙馆及其左右、前后的庭院，是园主在此生活起居的主要场所。五峰仙馆的建筑尺度十分高大，梁柱全用楠木制成，故俗称“楠木厅”。一入室内，楠香扑鼻，令人神清气爽，精神为之一振，为苏州园林中最大的一处厅堂（图 5.6.38）。

（8）冠云峰（图 5.6.39）。冠云峰位于留园东部，林泉耆硕之馆以北，因其形又名观音峰，是苏州园林中著名的庭院置石之一，充分体现了太湖石“瘦、漏、透、皱”的特点。冠云峰相传为宋代花石纲遗物，因石巅高耸，四展如冠，所以取名“冠云”，另一说认为冠云之名出自郦道元《水经注》中“燕王仙台有三峰，甚为崇峻，腾云冠峰，高霞云岭”。

（9）林泉耆硕之馆（图 5.6.40）。林泉耆硕之馆意为老人和隐士名流游憩之所，林泉指山林和泉石。为四面厅建筑，厅内南北梁架有扁、圆之分，俗称鸳鸯厅。厅内陈设红木家具，整个厅堂装修精美，雕刻玲珑剔透，极为富丽堂皇。

图 5.6.38　五峰仙馆内景

图 5.6.39　冠云峰

图 5.6.40　林泉耆硕之馆

# 第6章　中国近代建筑

## 6.1　中国近代建筑概述

中国近代建筑史从 1840 年鸦片战争开始，至 1949 年中华人民共和国成立前结束。主要分为三个阶段：1840—1900 年的初始期，1900—1937 年的发展兴盛期，1937—1949 年的凋零期。

### 6.1.1　初始期（1840—1900 年）

最早开放为通商口岸的广州、上海、天津、汉口等城市陆续开辟租界区并逐步发展成为独立的城市新区。西方建筑随殖民者主要在租界区内及传教士在中国各地的建筑活动传入中国，新建筑体系初具雏形。

西方建筑主要通过教会传教渠道、早期通商渠道与民间传播渠道三条渠道对中国近代建筑产生影响。后期西方建筑的影响逐步扩散到中国各地。

洋务运动期间建造了中国最早的一批工业建筑。

### 6.1.2　发展兴盛期（1900—1937 年）

#### 6.1.2.1　发展前期（1900—1912 年）

上海、天津、汉口租界区大肆扩展范围并进一步发展。哈尔滨、大连、青岛等新兴城市建成并形成近代城市，陆续制定初期城市规划并付诸实践。

古都北京在清政府实行“新政”期间开始了城市的近代化进程。

中国近代建筑的先驱城市广州、上海、天津、汉口等商埠城市，哈尔滨、大连、青岛等新兴城市及古都北京构成这一时期最具影响力的中国近代主流城市群。

清末新式官方建筑全盘西化，这种趋势一直延续到民国初年。

西方建筑师首先在教会大学校舍建筑领域探索中国建筑民族形式。

西方建筑的影响力进一步扩大，新建筑体系逐步形成。

#### 6.1.2.2 发展中期（1912—1927 年）

上海、天津、汉口租界区迅速发展成为城市的主体，租界区内形成新的城市中心，建筑活动频繁。广州得到发展。

哈尔滨、大连、青岛等新兴城市得到发展，大的格局仍不脱离初期城市规划。

中国近代主流城市的影响力迅速扩展，济南、厦门、烟台、成都、重庆、芜湖等中国近代边缘城市都有程度不等的发展。古都北京继续发展。

新建筑体系基本形成，建筑类型齐全，建筑技术发展，建筑形式则以西方复古主义、折衷主义建筑为主。

课件

中国近代建筑

#### 6.1.2.3 发展后期（1927—1937 年）

中国近代主流城市迅速发展，建筑活动进入鼎盛时期。中国近代边缘城市得到发展，建筑活动相对兴盛。

1927 年国民政府迁都南京，实施《首都计划》，南京城市发展进入兴盛期。南京取代北京发展成为中国近代主流城市。

新建筑体系进一步发展。

现代建筑运动波及中国，中国近代建筑出现向现代建筑过渡的趋势。

第一代中国建筑师队伍形成。

中国建筑师群体对中国民族形式建筑探索的第一次高潮期。

中国的建筑教育事业起步。

“中国营造学社”成立，对中国古代建筑的研究作出杰出贡献。

### 6.1.3 凋零期（1937—1949 年）

总体上这一时期的建筑活动处于停滞状态，许多城市遭受战争破坏。

抗日战争时期成都、重庆的建筑活动有所发展。

抗日战争前期，上海、天津租界区内仍有少量建筑活动。

1931 年之后，日本侵略者在东北城市，尤其是长春开展了一些建筑活动。

## 6.2 中国营造学社及中国建筑教育事业的起步

### 6.2.1 中国营造学社

微课视频

中国营造学社

1930 年朱启钤创办中国营造学社，社址设在北平，营造学社得到管理中美庚款的“中华教育文化基金董事会”与“中英庚款董事会”的经费资助，朱氏还利用个人影响，争取到一些私人捐款。朱启钤对中国传统建筑与中国传统文化的关系是有深刻认识的，他在《中国营造学社开会演词》中说：“吾民族之文化进展，其一部分寄之于建筑，建筑于吾人生活最密切。自有建筑，而后有社会组织，而后有声明文物，其相辅以彰者，在可以觇其时代，由此而文化进展之痕迹显焉……总之研求营造学，非通全部文化史不可，而欲通文化史，非研求实质之营造不可。”（朱启钤，《中国营造学社开会演词》，载《中国营造学社会刊》，第一卷，第一册，1930 年 7 月。）因为立足于研究中国传统建筑文化的高度，所以朱启钤的目标不仅仅是研究建筑本身，这一点也体现在中国营造学社的命名上，也是在《中国营造学社开会演词》中，他这样解释中国营造学社名称的由来：“本社命名之初，本拟为中国建筑学社。顾以建筑本身，虽为吾人所欲研究者，最重要之一段。然若专限于建筑本身，则其于全部文化之关系，仍不能彰显。故打破此范围，而名以营造学社。则凡属实质的艺术，无不包括，由是以言，凡彩绘、雕塑、染织、髹漆、铸冶、搏埴，一切考工之事，皆本社所有之事。推而极之，凡信仰传说仪文乐歌，一切无形之思想背景，属于民俗学家之事，亦皆本社所应旁搜远绍者。”朱启钤创办中国营造学社后，梁思成于 1931 年入社，任法式主任，刘敦桢于 1932 年入社，任文献主任。此后，先后有单士元、莫宗江、陈民达、刘致平、罗哲文、卢绳、王世襄等学者入社，高峰期的 1934—1937 年职员人数共有 17 人。中国营造学社于 1930 年成立，1945 年解散，历时 15 年，但是主要工作是在 1937 年抗日战争爆发以前短短的六七年时间里完成的。这几年中国营造学社完成了重要建筑古籍的整理、校对及出版工作，调查了两千多处古建筑，测绘了 206 组重要的古建筑，通过这些工作，大致清理了中国古代建筑的发展脉络。

1937 年，梁思成、林徽因、莫宗江、纪玉堂赴山西五台山，在豆村找到了文献记载中的佛光寺，经过详细、科学的考察测绘，证实佛光寺正殿建于唐大中十一年（857 年），终于发现了保存完好的唐代木结构建筑。但是，当他们欣喜地完成佛光寺的考察工作，又在山西各地调查了十几处古建筑后，才得知 5 天前卢沟桥事变爆发，日寇已经发动侵华战争，于是立即赶回北平。抗日战争爆发后，北平沦陷，营造学社暂时解散。

1938 年在昆明成立了中国营造学社西南分队，成员只有梁思成、刘敦桢、刘致平、莫宗江、陈明达 5 人。学社开展了针对昆明、云南西北部及四川的古建筑调查工作。1940 年冬，学社随中央研究院历史语言研究所迁至四川南溪县李庄。在此之前，1939 年天津水灾，学社于 1937 年存放在英租界麦加利银行地下室保险库中的资料也被水淹，朱启钤将劫余的资料整理后寄到李庄，为梁思成等提供了宝贵的研究资料。李庄时期由于经费短缺，学社无法进行外出调查，所以主要工作为整理原有资料。梁思成于 1942 年开始编撰《中国建筑史》，林徽因、莫宗江、卢绳也都参与了这项工作，1944 年编撰成书，第二年，营造学社就解散了。

营造学社的主要功绩是大量开展中国古建筑实例的调查、测绘和研究工作，拟定重要古建筑的修缮、复原计划，搜集、整理重要的古建筑文献资料，校勘重印《营造法式》（宋代）、《园冶》《髹饰录》（明代）、《一家言・居室器玩部》（清代）等古籍。1930—1945 年，学社出版了《中国营造学社汇刊》，共 7 卷 23 期。在汇刊上发表了梁思成、刘敦桢及学社其他研究人员撰写的中国古建筑调查报告、修缮复原计划、营造史料阐述、哲匠史料阐述等大量学术著作。中国营造学社的学术带头人梁思成、刘敦桢对中国古代建筑史的研究作出了开创性的贡献，他们的成果得到国内外建筑界、考古界以及国外汉学界的公认。同时，学社也培养了刘致平、陈明达、莫宗江、单士元、卢绳、罗哲文等一批中国古代建筑史研究专家，为新中国成立后中国古代建筑史研究工作的进一步开展奠定了基础。营造学社还编撰出版了两部总结中国古代建筑构造做法的著作《清式营造则例》与《建筑设计参考图集》。当时，梁思成在杨文起、祖鹤州两位老匠人的帮助下，读懂了清工部《工程做法》，又深入研究整理了学社收集的大量民间做法抄本，1932 年编撰了《清式营造则例》一书，于 1934 年出版，这是我国第一部用现代科学技术的观点方法总结中国古代建筑构造做法的著作。1935—1936 年，还出版了梁思成主编、刘致平编纂的《建筑设计参考图集》共十集。

## 6.2.2　中国建筑教育事业的起步

20 世纪 20 年代，中国的建筑教育事业也已经开始起步。1923 年 5 月，“江苏省第二工业学校”获准升格为“公立第二工业专门学校”，同年 11 月改称“公立苏州工业专门学校”，这一年苏州工专增设了由留日归国的柳士英等创办的建筑科，学制三年，是中国第一个高等专科的建筑科。1927 年秋，苏州工专并入刚刚成立的“国立第四中山大学”，1928 年 4 月改称为“国立中央大学”，1932 年中央大学“建筑科”改为“建筑系”。1928 年梁思成、林徽因创办东北大学建筑系，同年北平大学艺术学院也设立了建筑系。1932 年，广东省勷勤大学成立，广东省立工业专门学校改为该校的工学院，林克明建议校方设立建筑工程系，这个建议获得批准，并任命林克明为建筑工程系教授兼系主任，1937 年勷勤大学建筑工程系并入中山大学。1937 年重庆大学土木系增设建筑专业，同年天津工商学院设立建筑系。这一时期中国建筑教育事业兴起，培养了新一代建筑人才，也就是中国第二代建筑师。中国第二代建筑师与 20 世纪 30 年代初开始陆续从学校毕业，部分毕业生开始从事建筑设计或建筑教育工作。但是第二代建筑师生不逢时，他们大学毕业进入社会不久，1937 年抗日战争爆发，自此中国近代建筑史进入凋零期，建筑活动停滞，建筑师也就没有用武之地。一直到 1949 年新中国成立以后，中国第二代建筑师的才华才真正得到发挥。

# 6.3　梁思成

图 6.3.1　梁思成

梁思成（1901—1972 年），中国著名建筑史学家、建筑师、城市规划师和教育家（图 6.3.1）。1901 年 4 月 20 日出生于日本东京，原籍为广东省新会县。 1915—1923 年在北京清华学校学习。1924—1927 年在美国宾夕法尼亚大学建筑系、宾夕法尼亚大学研究院先后获学士、硕士学位。1927—1928 年美国哈佛大学研究院肄业。1928—1931 年任沈阳东北大学建筑系主任、教授。1931—1946 年任中国营造学社法式组主任、中央研究院历史语言研究所通讯研究员及兼任研究员。1944—1945 年任教育部战区文物保存委员会副主任。1946—1947 年任美国耶鲁大学教授，并担任联合国大厦设计顾问建筑师，被美国普林斯顿大学赠授文学博士学位。1948 年中央研究院院士。1946—1972 年任清华大学建筑系主任。1972 年 1 月 9 日逝世于北京。

梁思成毕生致力于保护中国古代建筑和文化遗产，他系统地调查、整理、研究了中国古代建筑的历史和理论，是这一学科的开拓者和奠基者。培养了大批建筑人才，以严谨、勤奋的学风著称。曾参加人民英雄纪念碑等设计，是新中国首都城市规划工作的推动者，新中国成立以来几项重大设计方案的主持者，是新中国国旗、国徽评选委员会的顾问。在《建筑五宗师》一书中与吕彦直、刘敦桢、童寯、杨廷宝合称“建筑五宗师”。

微课视频

梁思成

从 1932 年 4 月开始，梁思成对蓟县独乐寺辽代建筑进行了调查，写出了详细的报告，在不长的时间里，又连续写出了《正定古建筑调查纪略》《大同古建筑调查报告》《赵县大石桥》《晋汾占建筑预查纪略》《曲阜孔庙之建筑及修葺计划》等 10 余篇论文和报告，将一座座从汉唐、宋辽到明清各代的古建筑珍宝展现在人们面前。

梁思成先后著书 5 本，发表学术论文 60 多篇，共 150 多万字，现已整理成《梁思成文集》（1 ~ 4 册）全部出版。他和他领导的科学研究集体因为在“中国古代建筑理论和文物建筑保护”这个领域取得突出成就，1987 年，被国家科学技术委员会授予国家自然科学奖一等奖。

经过对古建筑系统地调查研究，1934 年，他编著了《清式营造则例》一书，这部著作第一次将繁杂的中国古建筑构造和形制做了科学的整理和分析，对清代建筑各部分的做法和制度做了较详细的介绍和论述，第一次用近代的建筑投影图绘制出清式建筑构架、门窗、装饰和彩画的详图，使人们在多彩的建筑遗迹面前不再停留于一般的感叹上，而是有了科学的认识和了解。几十年来，这部《清式营造则例》成了初学中国古建筑的入门必读教材，是研究中国古建筑不可或缺的资料，也是如今古建筑修整人员常用的工具书。

中国营造学社的成员们在十几年的时间里，走访了 15 个省，近 200 个县，通过测量、摄影、分析，对 2000 余项建筑与文物进行了研究，积累了大量资料。梁思成正是根据这些丰富资料，去粗存精，分析比较，和同事们一起使中国古建筑这一瑰宝，终得拂去尘埃，重放异彩于世界文化之林。

梁思成的主要作品有鉴真和尚纪念堂（1973 年）。鉴真纪念堂建于 1973 年，位于中国江苏扬州市古大明寺内。以纪念对中日两国文化交流作出重大贡献的鉴真和尚（688—763 年）。堂院占地 2540m$^2$，前面是门厅，上悬匾额；中间为碑厅，内立横式纪念碑；后为殿堂，按唐代寺庙殿堂的风格建造，堂内正中为鉴真楠木雕像，东西两侧壁上是鉴真东渡事迹的饰布画。两侧回廊长达 80m，构成一组单独的堂院（图 6.3.2）。

在这项设计中，梁思成根据 1200 年前鉴真和尚东渡日本传播中国文化，在日本兴造了奈良招提寺的史实，特地采用了中国唐代建筑的式样和风格，以象征中日两国人民之间的传统友谊。1984 年，荣获中国优秀建筑设计一等奖。

图 6.3.2 鉴真和尚纪念堂

## 6.4 刘敦桢

图 6.4.1 刘敦桢

刘敦桢（1897—1968 年），中国科学院院士，中国建筑史学的开拓者，中国古建筑研究领域的先驱者，中国现代建筑学的重要奠基人，中国建筑学教育的重要开创者（图 6.4.1）。

1913 年留学日本，1921 年毕业于东京高等工业学校建筑科。1922 年回国后在上海华海建筑师事务所工作。1925 年任湖南大学土木系讲师。1927 年在中央大学创立中国最早的建筑系，任中央大学建筑系副教授。1930 年加入中国营造学社，致力于发扬中国传统建筑文化。刘敦桢著有《佛教对于中国建筑之影响》《北平智化寺如来殿调查记》《大壮室笔记》《明长陵》《大同古建筑调查报告》《易县清西陵》《河北西部古建筑调查纪略》《河南北部古建筑调查记》《西南古建筑调查概况》等论文，为中国古建筑研究树立楷模。1933 年任中国营造学社研究员兼文献主任。1949 年后任南京大学建筑系教授，南京工学院建筑系教授、主任。1953 年创办中国建筑研究室，出版了《中国住宅概况》。1959 年起主编《中国古代建筑史》。其著作已编成《刘敦桢文集》，共 4 卷。

刘敦桢的主要作品有光华亭（图 6.4.2）。光华亭位于中山陵东面小山阜上，该亭建于 1931—1934 年，刘敦桢建筑师设计，福建省蒋源成石厂承包建筑，是用孙中山先生奉安大典时华侨的赠款建造的。该亭的屋脊、屋面、斗拱、梁柱藻井等全用大理石雕成，花纹至细、刻工至巨，为陵园亭中最精美的工程。

图 6.4.2　光华亭

## 6.5　杨廷宝

杨廷宝（1901—1982 年），河南南阳人，建筑学家和建筑教育学家（图 6.5.1），中国近现代建筑设计开拓者之一。长期从事建筑设计创作工作，为我国建筑设计事业做出了杰出贡献，并倡导建筑设计要吸取古今中外优秀建筑文化，密切结合实际，结合国情。在建筑教育上培养了大批建筑设计优秀人才，为我国建筑设计事业奠定了基础。曾多次参加、主持国际交往活动，对推动建筑方面的国际学术交流做出了重要贡献，在国际建筑学界享有很高的声誉，被誉为“近现代中国建筑第一人”。

图 6.5.1　杨廷宝

1915 年杨廷宝就读于北京清华学校（清华大学前身），1921 年赴美国留学，在宾夕法尼亚大学学习建筑。他的建筑设计和水彩画得到保尔·克芮和瓦尔特·道森的指导，学习成绩优异，1924 年曾先后获得全美建筑系学生设计竞赛的艾默生奖（Emerson Prize Competition）一等奖和 Municipal Art Society Prize Competition 一等奖。1926 年，离美赴欧洲考察建筑。1927 年，回国加入基泰工程司，先是关颂声，继而是朱彬、杨廷宝、杨宽麟组成建筑事务所（其后梁衍、张镈等人也参加了一段时间）。杨廷宝先生是建筑设计方面的主要负责人。只有 27 岁的杨廷宝，在当年设计出了亚洲最大的火车站——京奉铁路沈阳总站。在当时被西方垄断的建筑市场，几乎没有中国人设计的建筑。杨廷宝从此名声大噪，成为和梁思成齐名的建筑大师，人称“南杨北梁”。

20 世纪 30 年代后，杨廷宝转向上海、南京一带发展，足迹遍及全国许多城市，他所在的事务所是当时有影响的建筑事务所之一（当时还有庄俊、沈理源、范文照、董大酉、李惠伯等人的事务所，

微课视频

刘敦桢

杨廷宝

以及赵深、陈植、童寯等 3 人合作的华盖建筑师事务所）。杨廷宝在事务所的工作直至 1949 年止。1940 年起，他兼任中央大学建筑系教授。中华人民共和国成立后，相继担任南京工学院建筑系教授、系主任、副院长、建筑研究所所长、中国科学院技术科学部委员、中国建筑学会第五届理事长。1957 年和 1965 年，两次被选为国际建筑师协会副主席。

杨廷宝的主要作品有南京中山陵音乐台。中山陵音乐台位于南京中山陵广场东南侧，占地面积约 4200m$^2$，由杨廷宝设计，1932 年秋动工兴建，1933 年 8 月建成（图 6.5.2~ 图 6.5.4）。

图 6.5.2　南京中山陵音乐台

图 6.5.3　南京中山陵音乐台花棚

图 6.5.4　南京中山陵音乐台鸟瞰

音乐台是中山陵的配套工程，主要用作纪念孙中山先生仪式时的音乐表演及集会演讲。整个音乐台为钢筋混凝土结构。场地平面布局为半圆形，在半圆形圆心处设置一座弧形乐坛，面积近 250m$^2$。乐坛两侧设有台阶与钢筋混凝土花棚衔接。在乐坛后面为一堵汇集音浪的大照壁，它是音乐台的设计主体。照壁坐南朝北，宽约 16.67m，高约 11.33m，水平截面为圆弧形。沿草坪周围绕以水泥回廊，是游人休息纳凉的佳境。台前有弯月状莲花池，池半径为 12.67m，用以汇集露天场地的天然积水，池水终年不涸，可以增强乐坛的音响效果。池前依坡而建扇形观众席，可容纳观众 3000 余人。

音乐台建筑是中国传统风格与西方古典建筑风格相结合的一个范例。音乐台在利用自然环境，以及平面布局和立面造型上，充分吸取了古希腊建筑的艺术特点；而在照壁、乐坛等建筑物的细部处理上，则采用中国江南古典园林建筑艺术的表现手法，从而创造出既有开阔宏大的空间效果，又有精湛雕饰的艺术风范，达到了自然与建筑的完美和谐统一。

# 6.6　童寯

微课视频

童寯

童寯（1900—1983 年），辽宁沈阳人，满族，建筑学家、建筑教育家，中国近代造园理论研究的开拓者，中国近代建筑理论研究的开拓者之一（图 6.6.1）。主要著作有《江南园林志》《新建筑与流派》《苏联建筑》《造园史纲》《日本近现代建筑》《建筑科技沿革》《近百年西方建筑史》等。

图 6.6.1　童寯

1925 年童寯毕业于清华学校高等科。同年秋，公费留学美国宾夕法尼亚大学建筑系，曾与梁思成、陈植等同窗学习。1928 年冬获建筑学硕士学位。此后在费城、纽约两地建筑师事务所实习、工作各一年。1930 年春，赴欧洲英、法、德、意、瑞士、比、荷等国考察建筑，经东欧回国。1930 年秋回国，任沈阳东北大学建筑系教授，1931 年 6 月，梁思成赴京“中国营造学社”任职，童寯任系主任。1931 年，“九一八”事变后建筑系解散，与赵深、陈植在上海共同组建“华盖建筑师事务所”。抗战爆发后，1938 年在重庆、贵阳设华盖建筑师事务所分所。 1944 年，应刘敦桢之邀抵重庆，任中央大学建筑系教授，授课之余继续华盖建筑师事务所建筑师业务；抗战胜利后迁回南京。1949 年，中央大学改名南京大学后，专任南京大学建筑系教授。1952 年南京大学建筑系等工学院系科独立组建南京工学院（1988 年改名东南大学），任南京工学院建筑系教授。

童寯主要作品有南京原国民政府外交部大楼。外交部大楼建筑面积 5050m$^2$，面对鼓楼，平面呈“T”形，钢筋混凝土结构，平屋顶，入口处有一个宽敞的门廊，以强调中心地位。中部高四层，两翼高三层，另有半地下室一层。整座建筑的平面设计与立面构图基本采用西方现代建筑手法，同时结合中国传统建筑的特点和细部。从建筑物的外观上来看，立面造型采用传统建筑三段式，分为勒脚、墙身和檐部三部分。底层半地下室部分的外墙用水泥粉刷，象征基座；墙面用褐色面砖贴面；檐口部分用同色的琉璃砖做成简化的斗拱装饰。建筑物内部大厅天花饰有清式彩画，室内墙面做有传统墙板细部。此外，建筑物的外墙、隔壁及地板皆用空心砖，“故于优声问题，概已美满解决”，即有效地解决了隔音问题。外交部办公楼的 1 ～ 3 层为办公室、会客室及会议室，4 层存贮档案，各室空气充足，光线舒适，位置适宜，分配有序，布局合理（图 6.6.2 ～图 6.6.4）。

图 6.6.2　南京原国民政府外交部大楼

图 6.6.3　南京原国民政府外交部大楼立面细部

图 6.6.4　南京原国民政府外交部大楼室内

该建筑是中国新民族建筑形式的典范之一。民国年间出版的《中国建筑》杂志评价外交部办公楼“为首都之最合现代化建筑物之一；将吾国固有之建筑美术发挥无遗，且能使其切于实际，而于时代所要各点，无不处处具备，毫无各种不必需要之文饰等，致逊该大楼特具之简洁庄严”。1991 年被国家建设部、国家文物局评为近代优秀建筑。1992 年列为南京市文物保护单位。2001 年 7 月，又被列为全国重点文物保护单位。

## 6.7　吕彦直

吕彦直（1894—1929 年），山东东平人，出生于天津，我国近代杰出的建筑师（图 6.7.1）。幼年丧父，1902 年随其姐居巴黎数年。常参观卢浮宫博物馆，酷爱绘画和雕塑艺术。回国后，入北京五城学堂习国文。1911—1913 年于清华学堂留美预备部求学；1913—1918 年由北京政府派赴美国康奈尔大学攻读建筑工程（先入电子系，后转入建筑）。1918—1921 年担任美国建筑师墨菲助手。1921 年回国后，先与过养默、黄锡霖合组上海东南建筑公司，其后与黄檀甫合组真裕公司，后独立创办彦记建筑事务所。1925 年和 1926 年相继在南京中山陵与广州中山纪念堂设计方案竞赛中获头奖并得以实施，留下两件优秀的中国民族形式建筑作品。

图 6.7.1　吕彦直

### 6.7.1　南京中山陵

中山陵位于江苏南京东郊钟山风景名胜区内，紫金山东峰茅山的南麓。钟山古称金陵山，汉代称钟山，东晋时称紫金山。紫金山共有三座东西并列的山峰，主峰为北高峰，其余两座是西为天堡山和东为茅山，中山陵便坐落于此。西邻明孝陵，东毗灵谷寺，傍山而筑，整个建筑群依山势而建，由南往北沿中轴线逐渐升高（图 6.7.2、图 6.7.3）。

南京中山陵是中国近代建筑师探索民族形式建筑的开山之作，也是中国近代史时期最优秀的民族形式的建筑作品。1925 年 3 月 12 日孙中山在北京逝世，按照他临终前的嘱咐被安葬在南京紫金山。是年 5 月，总理丧事筹备处向海内外悬奖征集中山陵墓设计图案，到期共收到应征方案 70 余份。丧事筹备处聘请了 4 位评委顾问，他们是南洋大学校长土木工程师凌鸿勋、德国建筑师朴士、中国画家王一亭及雕刻家李金发。最终得奖名单是：大

微课视频

吕彦直

奖吕彦直、二奖范文照、三奖杨锡宗，另外有7位中外建筑师的方案获得名誉奖。根据评审结果，丧事筹备委员会决定采用吕彦直的设计方案，并聘请为陵墓建筑师，限于两个月内完成工程详图。吕彦直受聘后，即赴南京实地考察，赶绘全部工程详图。当年12月，上海姚新记营造厂中标，中山陵墓建筑工程遂即开始动工。

图6.7.2 中山陵地形

图6.7.3 中山陵鸟瞰

中山陵自1926年1月动工，至1929年主体建成。1929年5月28日，孙中山灵柩由北京运抵南京。三天公祭结束后，6月1日举行了隆重的奉安大典。1931年全陵工程次第落成。中山陵面积共8万余平方米，主要建筑有牌坊、墓道、陵门、碑亭、祭堂和墓室等。环绕中山陵的主体建筑，还有一系列纪念性建筑，如为便于孙中山先生家属守灵而在陵墓后上方建造的永慕庐、存储奉安大典纪念物品的奉安纪念馆以及宝鼎、音乐台、流徽榭、仰止亭、光华亭、行健亭、藏经楼等。从空中往下看，中山陵像一座平卧的"自由钟"。山下中山先生铜像是钟的尖顶，半月形广场是钟顶圆弧，而陵墓顶端墓室的穹隆顶，就像一颗溜圆的钟摆锤。含"唤起民众，以建民国"之意。这组建筑，在形体组合、色彩运用、材料表现和细部处理上，都取得了很好的效果，色调和谐，从而更增强了庄严的气氛。既有深刻的含意，又有宏伟的气势，被誉为"中国近代建筑史上的第一陵"（图6.7.4～图6.7.7）。

图6.7.4 中山陵牌坊

图6.7.5 中山陵碑亭

图 6.7.6　中山陵祭堂细部

图 6.7.7　中山陵祭堂室内

为了表彰他为建造中山陵所作出的杰出贡献，后来，总理陵园管理委员会在中山陵祭堂西南角奠基室内为吕彦直建了一块纪念碑。碑的上部是吕彦直半身像，下部刻于右任所书的碑文："总理陵墓建筑师吕彦直监理陵工积劳病故，总理陵园管理委员会于十九年五月二十八日议决，立石纪念。"

## 6.7.2　广州中山纪念堂

在南京中山陵墓的建筑工程进入高潮之际，吕彦直又承担了广州越秀山中山纪念堂和中山纪念碑的建筑设计。他设计的两份建筑图案，因其构思别致，水平高，又以首奖入选。图案入选后，受"广州中山纪念堂筹建委员会"的委托，主持中山纪念堂和中山纪念碑的设计工作。于是，他为南京中山陵、广州中山纪念堂和中山纪念碑的建成南北奔波（图 6.7.8、图 6.7.9）。

图 6.7.8　广州中山纪念堂外景

图 6.7.9　广州中山纪念堂正立面

中山纪念堂举行奠基仪式期间，吕彦直已病魔缠身。他忍着病痛，不分昼夜推理演算，以顽强的毅力设计出中山纪念堂的建筑详图，并主持了工程建筑事务。就在工程临近尾声时，因患癌症于 1929 年 3 月 18 日在上海逝世。鉴于他对建造孙中山陵墓的杰出贡献，在他逝世后，南京国民政府曾明令全国，予以褒奖，中山陵祭堂的西南角立一纪念碑。（图 6.7.10、图 6.7.11）。

图 6.7.10 广州中山纪念堂大厅

图 6.7.11 广州中山纪念堂报告厅室内

作为第一代中国杰出的建筑师，吕彦直继承了中国传统建筑的一些优秀经验，同时又学习了西方先进的科学技术，他把二者结合，做出了很多杰出的历史性建筑。中国这一代建筑师均是如此，他们从国外学成归来以后，并没有完全照搬西方的建筑，也没有完全局限于中国的这种传统，而是将两者有机结合，加以新的创造。

在短促的一生中，他为弘扬民族文化，在中国近代建筑史上写下了辉煌的一页，足以被称作中国“近现代建筑的奠基人”。他设计、建造的中山陵和由他主持设计的广州中山纪念堂，都是富有中华民族特色的大型建筑组群，是我国近代建筑中融汇东西方建筑技术与艺术的代表作，在建筑界产生了深远的影响。

# 第7章 中国当代建筑

中国当代建筑师指的是从建国和改革开放后，成长起来的一些著名建筑师，他们思想敏锐，富有创新意识。

本章介绍的中国当代建筑师中，他们有的是新中国成立前后步入高校接受过高等专业教育，有的是“文化大革命”后的青年一代。他们是中国建筑教育的开拓者，也是当代中国建筑舞台上比较活跃的一些建筑师。其中，有许多还曾在西方国家留学深造或实践，并带着对外面世界的体悟、经历和思想回到国内，结合国内现状进行创作实践。他们不仅活跃在设计实践的第一线，有的还在高校任教授课，对中国当代建筑创作和学术建树起到了良好的推动作用，并在国际建筑领域产生了一定影响。他们对建筑的认识和见解虽不尽相同，但都以自己独到的建筑理念作为实践基础。

由于篇幅的关系，本章收入的只是建筑师中的一些代表，从他们的建筑作品和实践经历中，我们可以探究中国当代建筑的发展线索。中国几代建筑师的地位日渐提高，新老接力，茁壮成长，在空前广阔的建筑舞台上，充分施展其才华，为我国的建筑事业做出了应有的贡献。

本章选入的十位中国当代建筑师有吴良镛、齐康、彭一刚、马国馨、何镜堂、关肇邺、莫伯治、程泰宁、崔凯、王澍。

## 7.1 吴良镛

吴良镛先生是中国当代著名的建筑学家、城市规划专家，两院院士。1944 年毕业于重庆中央大学建筑系。1946 年开始协助梁思成创办清华大学建筑系。1948 年 9 月，经梁思成先生推荐进入美国匡溪艺术学院建筑与城市设计系学习，师从沙里宁。他长期从事教育工作，为祖国培养建设人才和师资队伍做出了卓越贡献（图 7.1.1）。

图 7.1.1 吴良镛

吴良镛主持和参与了多项城市设计、建筑设计项目，如山东省泰安市泰山博物馆、江苏省南京市金陵红楼梦博物馆、江苏省南通市南通博物馆、曲阜孔子研究院、中国历史博物馆改扩建工程前期方案、北京市菊儿胡同危旧房改建新四合院工程等。我们可以通过他的部分建筑作品，了解他的建筑思想。

## 7.1.1 孔子研究院

图 7.1.2 孔子研究院

孔子研究院的工程规划设计由吴良镛先生担任。总体布局构图以方和圆作为基本母题，用隐喻方式充分表达中国文化内涵，将儒学“仁”“和”观念融入规划之中，借鉴“洛书”“河图”“九宫”格式及风水学说理论，将现有地段匠心独运，合理布局。建筑形式充分表达了孔子的文化思想内涵，传统建筑风格则体现了民族性、时代性和纪念性。

### 7.1.1.1 建筑群体

整个布局借鉴“河图”“洛书”和“九宫”的观念，采用“方圆”结合的建筑形式，集中体现了孔子思想在中国 2000 多年来的影响。同时，在园林设计上也巧妙地融入了“高山仰止”“知者乐水，仁者乐山”及“杏坛讲学”等与孔子有关的名词佳句，使研究院成为一座融研究、展示为一体的城市、园林、雕塑、建筑有机结合的标志性建筑（图 7.1.2）。

研究院的主楼仿西汉礼制建筑，以“高台明堂”为原型，采用“外三内四”的对称建筑结构。建筑高 30m，外三层里四层，一层为台基，内设图书室、阅览室。二层呈方形，三、四层呈圆形，寓意天圆地方（图 7.1.3）。

### 7.1.1.2 壁雍广场

广场的正中是一座方形高台，台阶共 3 层，每层 3 级。10 级可上台顶，顶方 8.88m，中间用万年青花岗岩铺砌成圆形，圆外及台阶均为黄色花岗岩，寓意天圆地方，天苍地黄。万年青花岗岩中嵌有 77 个喷头，正中一个喷水最高，中圈 4 个略高，外围 72 个略低，分别象征孔子和颜回、曾参、子思、孟子四配与七十二贤。再往外的水池中的 300 个喷头，以一当十，象征弟子三千。377 个喷头喷玉溅珠，微风吹拂，彩虹隐隐，形象地喻示了孔子及其弟子开创的中国历史上第一个思想高潮的盛况。台阶涌泉如帘，又象征着儒家思想代代相传，经久不息（图 7.1.4）。

课件

中国当代建筑师及建筑

微课视频

吴良镛

图 7.1.3 孔子研究院主楼

图 7.1.4 壁雍广场

## 7.1.2 北京市菊儿胡同

吴良镛主持的北京市菊儿胡同危旧房改建试点工程获 1992 年度亚洲建筑师协会金质奖和世界人居奖（图 7.1.5、图 7.1.6）。

图 7.1.5 北京市菊儿胡同（一）

图 7.1.6 北京市菊儿胡同（二）

## 7.1.3 北京图书馆

北京图书馆 1998 年更名为国家图书馆，对外称中国国家图书馆，是世界五大藏书过千万册的图书馆之一，于 1988 年建成，坐落在北京图书馆原址以西的西郊紫竹院北侧。图书馆总馆南区主楼为双塔形高楼，采用双重檐形式，孔雀蓝琉璃瓦大屋顶，淡乳灰色的瓷砖外墙，花岗岩基座的石阶，再配以汉白玉栏杆，通体以蓝色为基调，取其用水慎火之意（图 7.1.7、图 7.1.8）。

图 7.1.7 北京图书馆（一）

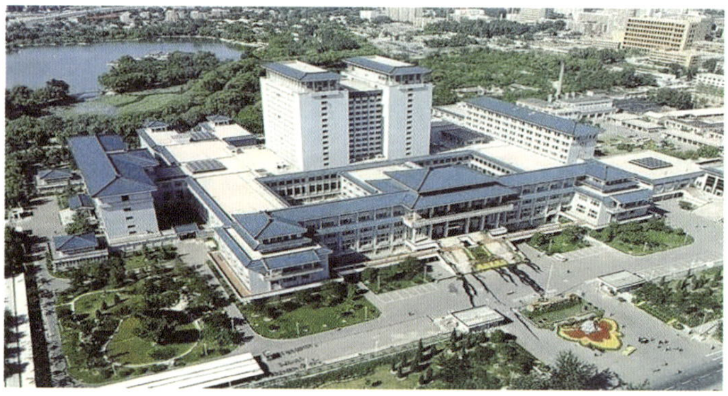
图 7.1.8 北京图书馆（二）

## 7.1.4 南通博物苑

南通博物苑融中国古代园林与近代博物馆为一体，是一座“馆园一体”的城市园林式综合性博物馆。

吴良镛设计的新馆位于博物苑南侧，沿原址形成的两条轴线铺开，将传统和现代形式完美地结合在一起，有历史文化、恐龙馆等不同展馆。地上总建筑面积 4000 多平方米，地下 2000 多平方米。主要建筑有南、中、北三馆，分别陈列天文、历史、书画、金石拓片、化石等藏品，中馆则是近代中国最早的气象观测机构测候所。

过廊构筑的虚空间，与两边的建筑形成对比。目光透过不规则的木格，远景若隐若现，地面上的光影变化，丰富了原有意境（图 7.1.9 ~ 图 7.1.11）。

图 7.1.9　南通博物苑（一）

图 7.1.10　南通博物苑（二）

图 7.1.11　南通博物苑过廊

## 7.1.5　江宁织造府

整个“江宁织造府”宛如核心商务区里的一个都市盆景，也就是四周立面为“壳”，中心部分的园林有如核桃雕刻，点缀以盆景山水，取中国山水画中深远、高远、平远之意境。其高远处为“楝亭”，其平远处寓意为西园之湖面，此中以萱瑞堂为全园中心（图 7.1.12、图 7.1.13）。

图 7.1.12　江宁织造府（一）

图 7.1.13　江宁织造府（二）

# 7.2 齐康

图 7.2.1　齐康

齐康，中国当代著名的建筑学家、建筑教育家。1952 年毕业于原国立南京大学工学院建筑系（现东南大学建筑学院），中国科学院院士（学部委员），法国建筑科学院外籍院士。齐康教授长期从事建筑和城市规划领域的科研、设计和教学工作，以及现代建筑创作研究和相关建筑形态研究，主张进行地区性城市设计和建筑设计，并率先在我国提出了城市形态的研究及其相关的城市形态与城市设计（图 7.2.1）。

从 20 世纪 50 年代起，由他设计（参与和主持）的建筑工程设计及规划设计近百处。有南京雨花台烈士陵园纪念馆、碑轴线，南京梅园新村周恩来纪念馆，淮安周恩来纪念馆，南京侵华日军南京大屠杀遇难同胞纪念馆，福建武夷山庄，黄山国际大酒店，郑州河南博物院，福建历史博物馆，黄山国际大酒店，南京农业大学金陵研究院，沈阳“九一八”纪念馆扩建工程等。他善于运用中西方建筑的传统手法，探索中国现代建筑风格。建筑理念包含着丰富的哲学思想，建筑设计中重视空间的处理，就是要“留出空间、组织空间、创造空间”。注重对历史文化的传承，同时强调转化与创新。我们通过齐康教授设计的南京雨花台烈士陵园纪念馆和碑轴线、淮安周恩来纪念馆、郑州河南博物院等作品来了解他的建筑思迹。

## 7.2.1　南京雨花台烈士陵园纪念馆和碑轴线

南京雨花台烈士陵园纪念馆和碑轴线的总设计由杨廷宝和齐康先生担任。在设计中，建筑群体与环境有机结合，以“轴线”统一了自然山丘与建筑群，通过建筑与自然的围合、建筑的围合、半人工围合，直到最终空间的开敞，渐次达到空间序列的高潮。从忠魂亭到北殉难处，整个中轴线长达 1000 余米，是我国现代纪念建筑中最长的轴线（图 7.2.2 ~ 图 7.2.4）。

图 7.2.2　南京雨花台鸟瞰图

图 7.2.3　南京雨花台陵园景观

图 7.2.4　雨花台革命烈士纪念馆

## 7.2.2　淮安周恩来纪念馆

微课视频

齐康

该馆四面环水，清波荡漾，由主馆和辅馆组成。主馆底部基台呈方梯形，而馆体呈八棱柱体，在庄严中具有动感，喻示周恩来数次在我党我军生死存亡关头所起的扭转乾坤的作用；基台周围由四根巨大的花岗岩石柱撑起锥形大屋顶，寓意他最早提出建设社会主义祖国四个现代化的千秋大业。与主馆相呼应的辅馆呈“人”字形展开，标志着周恩来伟大崇高的人格，并含蓄地表达了周恩来永远活在人民心中（图 7.2.5 ~ 图 7.2.7）。

图 7.2.5　周恩来纪念馆鸟瞰图

图 7.2.6　周恩来纪念馆（一）

图 7.2.7　周恩来纪念馆（二）

## 7.2.3　河南省博物院

河南博物院是国家级的现代化博物馆（图 7.2.8、图 7.2.9）。

图 7.2.8　河南省博物院（一）

图 7.2.9　河南省博物院（二）

总体布局挟“九鼎定中原”之势，以主馆建筑为中心，中央对称构图。主体建筑按功能相对集中，适当分散在整个用地内，将现代博物馆复杂的功能要求简洁地融为一体。

创作构思以探索“中原之气”为契机，深入研究中原地区潜在的文化特征，吸收其古朴淳厚的文化内涵，按现代审美特征在设计中给予恰当地表现，创造出大气浑然、质朴天成的现代建筑。

## 7.3　彭一刚

彭一刚教授是中国当代著名的建筑学家，长期从事建筑美学及建筑创作理论研究。在建筑美学方面，从古典建筑构图到现代建筑空间组合规律以至当代西方建筑审美变异等，都做了比较系统的研究工作（图 7.3.1）。

图 7.3.1　彭一刚

他在研究西方建筑理论的同时，还对我国传统建筑文化，特别是古代造园艺术及民居、聚落等的形态、景观，运用当代空间理论及艺术心理学等科学方法进行分析研究。这些研究既渗透了古今中外的哲学、美学思想，又紧密联系我国当前的建筑创作实践，取得了重要的成果。于 1995 年当选为中国科学院院士。

彭一刚的建筑作品主要有天津大学建筑馆、王学仲艺术研究所、天津水上公园熊猫馆、山东省平度市公园、山东省威海市刘公岛甲午海战纪念馆、伦敦中国城等。其中，山东甲午海战馆个性鲜明，并富有深刻的历史文化内涵，深受广大群众的喜爱，得到建筑界的赞誉。

### 7.3.1　天津大学建筑馆

天津大学建筑馆坐落在美丽的天津大学敬业湖畔，建筑风格庄重雅致，具有中国传统建筑的韵味。建筑馆构成了由新校门经北洋园、北洋纪念堂、北洋广场、求实亭等组成的教学区中轴线的底景，为全院师生提供了良好的教学和科研环境（图 7.3.2、图 7.3.3）。

微课视频

彭一刚

图 7.3.2 天津大学建筑馆（一）

图 7.3.3 天津大学建筑馆（二）

## 7.3.2 甲午海战纪念馆

甲午海战纪念馆坐落于山东省威海市刘公岛码头东 200m，是一处以建筑、雕塑、绘画、影视等综合艺术手段展示甲午海战悲壮历史的大型纪念馆。

馆内以电、光、声等现代科技营造的氛围，生动逼真，游人置身其中，耳闻目睹甲午战争的惨烈与悲壮。整个海战馆气势宏大，外形尤如几艘互相撞击穿插的船体，坐落在当年旗舰定远号搁浅的地方，悬浮于海上。18m 高的主体建筑上塑造了一尊 15m 高的北洋海军将领像，为国内人物雕塑高度之最（图 7.3.4、图 7.3.5）。

图 7.3.4 甲午海战纪念馆（一）

图 7.3.5 甲午海战纪念馆（二）

## 7.4 马国馨

马国馨，当代著名的建筑学家。1965 年毕业于清华大学，1991 年获工学博士学位。主持并负责多项国家和北京市的重点工程项目，如毛主席纪念堂、国家奥林匹克体育中心、首都机场新航站楼、停车楼等，在设计中创造性地解决技术难题和关键性问题，为工程的顺利开展和建成做出了重要贡献。在建筑历史、建筑理论、建筑规划、景观设计、建筑评论等领域进行了富有开拓性的工作。1997 年当选为中国工程院院士（图 7.4.1）。

图 7.4.1　马国馨

负责设计的毛主席纪念堂、国家奥林匹克体育中心、首都机场二号航站楼成为其代表作品。

### 7.4.1 毛主席纪念堂

毛主席纪念堂位于天安门广场南面，占地约 57000$m^2$，总建筑面积为 28000$m^2$。建筑主体呈正方形，外有 44 根福建黄色花岗石建筑的明柱，柱间装有广州石湾花饰陶板，通体青岛花岗石贴面。屋顶有两层玻璃飞檐，檐间镶葵花浮雕。基座有两层平台，台帮全部用四川大渡河旁的枣红色花岗石砌成，四周环以房山汉白玉万年青花饰栏杆。南、北门台阶中间又各有两条汉白玉垂带，上面雕刻着葵花、万年青、腊梅、青松图案。

#### 7.4.1.1 庭院

主体建筑北门前有东、西两组泥塑，以中国革命史诗为内容。东组表现的是新民主主义时期，西组表现的是社会主义建设时期。主体建筑南门是以继承毛主席遗志、各族人民显示出无比信心为内容的两组泥塑（图 7.4.2）。

图 7.4.2　毛主席纪念堂

微课视频

马国馨

#### 7.4.1.2 纪念堂

纪念堂是主体建筑，由 3 部分组成。台基高 4m，边长 105.5m。台基上有大方柱 44 根，断面宽 15m，高 17.5m。台基四周是用来自大渡河畔的枣红色花岗石彻起，上面汉白玉栏板上雕刻着象征江山永存的万年青，基石周围砌进了来自珠穆朗玛峰的石头，浇灌了来自台湾海峡的水。

### 7.4.2 国家奥林匹克体育中心

1981 年，马国馨先生东渡扶桑，跟随世界知名建筑师丹下健三研修，从而使他得以较深入地了解外面的世界。

马国馨从日本学习回国没多久，便赶上第十一届亚运会工程的建设。对于一个中国建筑师而言，这可以说是一个千载难逢的好机会。奥林匹克体育中心位于北京市南北中轴线向北延伸的轴线东侧，在创作方案时，马国馨大胆汲取了国外同时代体育建筑的精华，并结合中国传统建筑的理念，创作出一种新型体育建筑风格（图 7.4.3、图 7.4.4）。设计中，他不过分强调各栋建筑物自身的独立和完整，不单纯地研究各栋建筑物孤立的形态美，而更多地关注建筑群体的组合关系，希望通过建筑彼此之间的联系，形成一个有机的群体，用各自并不十分完整的个体，组成比较完整的群体。北京是一个文化古都，有着严谨而规整的中轴线格局与棋盘式的街区，北郊要成为体育盛会的中心，就要将用地内主次轴线与环形道路结合，形成中心内主要骨架，这样便与城市的总体格局相协调（图 7.4.5、图 7.4.6）。

图 7.4.3 国家奥林匹克体育中心（一）

图 7.4.4 国家奥林匹克体育中心（二）

图 7.4.5 湖边的体育中心

图 7.4.6 游泳馆

在建筑物的细部处理上，马国馨和设计组的同事们则更多地将传统构件通过变形、隐喻加以使用，使人联想到中国建筑的常见特征。如各馆檐口下露明的网架节点上杆件形成的三角形外轮廓，让人联想起斗拱；高耸的塔筒外侧向内收分以及它与斜拉索、屋脊形成的起伏轮廓，酷似中国木结构建筑的侧角与屋脊的起翘；檐口和屋脊的大红色金属构件让人联想到传统建筑的某些色彩；建筑的平台和多层台基，使人想到传统建筑的常用做法等。

### 7.4.3 首都机场新航站楼

首都机场新航站楼如图 7.4.7、图 7.4.8 所示。

图 7.4.7 首都机场新航站楼（一）

图 7.4.8 首都机场新航站楼（二）

## 7.5 何镜堂

何镜堂是中国当代著名建筑设计和建筑理论家。1965 年 8 月毕业于华南工学院，中国工程院院士（图 7.5.1）。

何镜堂长期从事建筑及城市规划的教学与研究，提出了“两观”（整体观、可持续发展观）、“三性”（地域性、文化性、时代性）的建筑哲理和创造思想，并将其体现在大量的建筑创作作品中。主要代表作有大都会广场、中国市长大厦、华南理工大学逸夫人文科学馆、鸦片战争海战博物馆、深圳科学馆、2010 上海世博会中国馆、南京大屠杀遇难同胞纪念馆扩建工程、上海世博会中国馆等。

图 7.5.1 何镜堂

### 7.5.1 中国市长大厦

中国市长大厦是一座功能齐全的智慧型酒店及商厦，楼高 28 层，建筑面积 2.3 万 $m^2$，建筑风格独特，外墙壁采用最新金色玻璃幕墙，璀璨生辉，气派非凡。大门前宽阔的罗马广场，使大厦与都市浑然一体。宏伟的雕柱环形走廊，凛然风范，蔚然壮观，令人瞩目（图 7.5.2、图 7.5.3）。

微课视频

何镜堂

图 7.5.2 中国市长大厦（一）

图 7.5.3 中国市长大厦（二）

## 7.5.2 华南理工大学逸夫人文科学馆

华南理工大学逸夫人文科学馆是近年兴建的大学建筑中较为出色的一个。这座建筑体现出与大学环境相一致的人文气质，也是一座不以“大”见长的建筑。同时，这座人文馆也是大学建筑中特殊的一个，处在校园空间节奏变化节点上的特殊位置给了这座建筑特殊的机会，使它能够在朴素、实用、理性的大学建筑理念中，加入更多“花样”，从而显得别具一格（图 7.5.4、图 7.5.5）。

图 7.5.4 华南理工大学逸夫人文科学馆（一）

图 7.5.5 华南理工大学逸夫人文科学馆（二）

无论是站在科学馆的二楼眺望东湖，还是在游廊间穿行，水都环绕其中。每当夜幕降临，科学馆的灯光投射到水中，随着水波流动，你会更真切地感受到整个建筑与环境之间的气韵流动（图 7.5.6）。

图 7.5.6　华南理工大学逸夫人文科学馆水景

水为媒让建筑延续湖水之流动气韵，也是沟通与衔接的重要元素。建筑入口处的叠级水池使湖水似乎延伸到建筑之中。水在建筑之间流动，使本来被分割的东湖和西湖也因建筑的存在而被真实地连接起来。

## 7.5.3　鸦片战争海战博物馆

该建筑位于国家重点文物虎门威远山炮台区，新建的大桥横跨文物区内。总体规划构思突出文物和历史原貌，并且将文物点与人桥建设连成一个系统，使精神文明建设与物质文明建设融为一体，形成完整的爱国主义教育阵地（图 7.5.7、图 7.5.8）。

图 7.5.7　鸦片战争海战博物馆入口

图 7.5.8　鸦片战争海战博物馆入口水景

鸦片战争海战博物馆位于虎门炮台爱国主义教育基地内，背靠山面河，总面积 7000m$^2$，是一座历史性、思想性、艺术性很强的纪念性建筑群。总体布局与历史文物环境融为一体，建筑组合以广东小棉花为意象，体现多层次寓意：既可解释为炮台群或战船组，以体现军民团结抗敌；又可解释为翻开的书页，一方面引发海战联想，一方面象征虎门海战翻开了中国近代史的第一页。

该馆的立面造型使用提炼的文物符号和地方建筑特征营造出整体的文化氛围，既与文物历史环境协调，又采用新的建筑语言、结构形式、展示手段和内部设计来体现时代精神。

## 7.5.4　北京奥运羽毛球馆

奥运会羽毛球比赛馆于 2008 年建于北工大新校园的东南区，建筑面积 3 万 $m^2$，座位有 9500 个（图 7.5.9）。

图 7.5.9　北京奥运羽毛球馆效果图

## 7.5.5　北京奥运摔跤馆

北京奥运摔跤馆，精致内敛，适应高密度校园环境。该馆屋面为反对称的折面，采用巨型门式刚架结构，使建筑在规则的平面下富有韵律感。东西立面的檐口是反对称的起伏折线，通过硬朗的折线檐口和屋脊，丰富了天际轮廓线，展现阳刚之美，突出纪念性（图 7.5.10）。

图 7.5.10　北京奥运摔跤馆

## 7.5.6 南京大屠杀遇难同胞纪念馆扩建工程

该工程的设计把握“战争—杀戮—和平”的主题，在尊重原有建筑的基础上，突出场所和意境的创造，以墙、伤痕、死亡之庭、祭奠庭院、烛之路等为建筑元素，并结合现代手法、材料和技术，表现特定的场所精神。建筑从东到西依次营造出“折断的军刀”“死亡之庭”“和平之声”三个意境空间，形成“序曲—铺垫—高潮—尾声”的完整空间序列，建筑空间从东侧的封闭、与世隔绝过渡到西侧的开敞，与城市、自然融为一体（图7.5.11、图7.5.12）。

图7.5.11 南京大屠杀遇难同胞纪念馆（一）

图7.5.12 南京大屠杀遇难同胞纪念馆（二）

该设计采用无生命特质的级配碎石来反映“生与死”的场所精神；增设大型雕塑“冤魂的呐喊”与原有的警钟和十字架结合，点明场所主题；新馆内部空间结合形体运用倾斜的墙体和缓坡地面，组合成错乱、冲突的非常态空间，表达场所意境；空间序列位于悼念广场后的冥思庭，人的活动和特殊光影传达了悼念的哀思（图7.5.13、图7.5.14）。

图7.5.13 南京大屠杀遇难同胞纪念馆（三）

图7.5.14 南京大屠杀遇难同胞纪念馆（四）

## 7.5.7 上海世博会中国馆

中国馆的创作构思凝聚了全球华人的智慧和心血，体现了“东方之冠，鼎盛中华；天下粮仓，富庶百姓”的创作理念。

在总体布局上，国家馆居中升起，层叠出挑、庄严华美，形成凝聚中国元素、象征中国精神的主体造型——“东方之冠”。地区馆水平展开、汇聚人流，以基座平台的舒展形态衬托国家馆，展现出属于城市、面向世界的中国大舞台的形象。

在场地设计上，整合南北城市绿地，形成坐南朝北、中轴统领、大气恢宏的整体格局，体现了传统中国建筑与城市布局的经验与智慧。

在技术设计上，层层出挑的主体造型，显示了现代工程技术的力度美与结构美，对生态节能技术的综合运用显示出我们对环境与能源等当今重大问题的关注和重视（图 7.5.15、图 7.5.16）。

图 7.5.15 世博会中国馆（一）

图 7.5.16 世博会中国馆（二）

# 7.6 关肇邺

关肇邺是国内著名建筑学家，1952 年毕业于清华大学，现为清华大学建筑学院教授。早先受梁思成教授的指导和影响，在现代建筑和中西古典建筑的历史和理论方面有深厚的基础，在设计技巧上有很高的水平。近年来，在探索具有时代特征、民族和地方特色的新建筑方面，取得了高水平成果。在建筑设计方面，准确把握建筑的性格特点，在平易的外形中寓有深刻的思想内涵，并极为重视建筑个体与环境的结合，致力于整体的完美统一（图 7.6.1）。

他的许多作品获得国内外重大奖项，如清华大学图书馆获国家优秀工程设计金奖，北京地铁东四十条站当选为北京 20 世纪 80 年代十大建筑之一的称号，埃及亚历山大图书馆获国际建协授予的特别奖等。

图 7.6.1 关肇邺

微课视频

关肇邺

## 7.6.1 清华大学图书馆新馆

清华大学图书馆新馆由香港邵逸夫先生捐资和国家教委拨款兴建，1994 年 9 月新馆命名为“逸夫馆”，曾多次获国家各类优秀建筑奖。新馆建成后图书馆馆舍总面积达 27820m$^2$，阅览座位 2800 余席（图 7.6.2、图 7.6.3）。

图 7.6.2 清华大学图书馆新馆（一）

图 7.6.3 清华大学图书馆新馆（二）

## 7.6.2 北京大学图书馆

北京大学图书馆坐落在北京大学校园的未名湖南岸。新馆由香港知名爱国人士李嘉诚先生捐建，北京大学百年校庆典礼时落成（图 7.6.4）。

图 7.6.4 北京大学图书馆入口

北京大学图书馆气势恢宏，与周围传统形式建筑保持和谐，又具有时代精神，为燕园中心区的主导建筑；旧馆改造焕发新生，扩大贯通公共核心空间，完善使用功能和空间布局，有力提升服务品质和精神内涵。设计从整体到细部注重建筑与环境的协调、室内外风格的协调，突出北大人文特征，营造含蓄、清新的文化氛围，展示北大师生的精神家园所特有的魅力（图 7.6.5、图 7.6.6）。

图 7.6.5 北京大学图书馆正面

图 7.6.6 北京大学图书馆效果展示

### 7.6.3 徐州博物馆旧馆

徐州博物馆旧馆位于市区中心，由“乾隆花园”扩建而成。所谓“乾隆花园”者，大殿为清代遗构，相传为乾隆下江南而建；东西厢房皆后建，灰瓦黄墙，形制与大殿极不相称。大殿东侧有 20 世纪 70 年代加建的庭院式建筑一组，碑廊迂回、曲桥流水、池莲幽幽，自成一趣。旧馆北侧不远，有一处汉墓遗址，堆土成山，高约十几米，据考证是汉代某彭城王夫妇合葬墓，尚未发掘。徐州博物馆的馆址就围绕这座汉墓。

整个建筑在空间布局上满足了当代博物馆的功能要求，同时在空间构成上具有较为严整的古典意味。在建筑形式上，考虑人们审美心理的积淀作用，通过一种适宜的技术来追求得体的形式，这种做法远较追求所谓的新奇时尚更具有长久的生命力。具体做法是以具有传统博物馆特征的厚重拙实的形象，加上具有反映徐州汉代历史文化特征的建筑雕饰，形成了一个适应徐州城市地理历史环境的、语意丰富的、有特色的博物馆建筑形式（图 7.6.7、图 7.6.8）。

图 7.6.7　徐州博物馆旧馆入口

图 7.6.8　徐州博物馆旧馆展馆

## 7.7 莫伯治

图 7.7.1　莫伯治

莫伯治是我国著名的岭南建筑专家。他在长期的建筑创作中，把岭南庄园融合于岭南建筑之中，并在实践和理论上推进岭南建筑和岭南园林的同步发展，形成自己独特的岭南建筑园林设计风格（图 7.7.1）。

他从事建筑设计工作近 60 年，在建筑设计创作领域中从事理论的探索，并能结合创作实践从抽象到具象，做到两者融会贯通，形神合一。他认为建筑设计是为人们创造优美的存在空间的创作艺术。他的建筑风格多样，将古

微课视频

莫伯治

今中外不同风格的建筑融会贯通，独创新风，在体现建筑的现代功能，以及新材料、新技术的内涵的同时，还不落俗套。他在长期的建筑创作中取得的重大成就，就是把岭南庭园融合于岭南建筑之中，并从实践上和理论上推进岭南建筑和岭南园林的同步发展。早在 20 世纪 50 年代，广州北园、泮溪等园林酒家之创作就受到梁思成大师的高度评价。

1976 年，莫伯治主持了广州白云宾馆的设计工程项目，体现了他在改革开放政策之前，敏锐地感到世界建筑潮流的脉搏，探索着如何把国外现代建筑文化与中国传统的建筑文化以及岭南地方建筑文化相结合。

1987 年莫伯治主持设计广州西汉南越王墓博物馆，他遵循现代主义原则，探索古今中外这类建筑体型风格的共性，巧妙地运用传统的重台叠阶、汉代石阙甚至埃及大庙的阙门，用现代手法表现其纪念性和传译两千多年前的历史文化，实为现代建筑的精品。

## 7.7.1 广州西汉南越王墓博物馆

该馆结合地方特征，运用现代材料、技术和造型手法，以古墓为主题，运用古今中外多种表现元素，成功地向大众传达了 2000 多年前的历史文化内涵，寓传统于创新当中（图 7.7.2 ~ 图 7.7.5）。

图 7.7.2　南越王墓博物馆

图 7.7.3　南越王墓博物馆远景

图 7.7.4　南越王墓博物馆内廊

图 7.7.5　南越王墓博物馆入口

## 7.7.2　岭南画派纪念馆

1989 年，莫伯治主持设计岭南画派纪念馆，他运用欧洲新艺术建筑风格词汇，说明岭南画派提倡对国画改革创新的运动。在纪念馆造型与风格的表现上，运用新艺运动的建筑词汇。可见莫伯治设计手法能在历史和地域很大的跨度内自由驰骋而游刃有余的功夫（图 7.7.6、图 7.7.7）。

图 7.7.6　岭南画派纪念馆（一）

图 7.7.7　岭南画派纪念馆（二）

## 7.7.3　中华人民共和国驻澳大利亚大使馆

莫伯治还负责主持了多个国外工程，如中华人民共和国驻澳大利亚大使馆等（图 7.7.8、图 7.7.9）。

图 7.7.8　中华人民共和国驻澳大利亚大使馆（一）

图 7.7.9　中华人民共和国驻澳大利亚大使馆（二）

# 7.8　程泰宁

程泰宁，当代建筑学专家、中国工程设计大师，2005 年当选为中国工程院院士。程泰宁长期工作在第一线，坚持不懈地致力于中国现代建筑发展道路的探索，在设计中努力把现代建筑理念和东方文化结合起来（图 7.8.1）。

图 7.8.1　程泰宁

微课视频

程泰宁

程泰宁参加过北京人民大会堂、南京长江大桥头建筑等重大工程的方案设计，主持了加纳国家剧院、马里会议大厦、弘一法师纪念馆、绍兴鲁迅纪念馆、海宁博物馆等国内外重要工程 40 余项。他作为中国第三代建筑师的“典型代表”之一，对中国建筑的发展做出了积极贡献。让世界了解中国，使中国现代建筑跻入世界建筑之林，也是他毕生的追求。

## 7.8.1 李叔同纪念馆

李叔同纪念馆（图 7.8.2、图 7.8.3）位于平湖市风景秀丽的东湖之畔，其建造型为一朵高雅、洁白的莲花，用以象征李叔同宽广的胸怀、纯洁的品格。纪念馆总建筑面积 1506m$^2$，高 24m，分上下两层。二楼设 7 个陈列室和 1 个能展示近百件书画作品的环形展厅。陈列室分别陈列李叔同各个时期的生活史料与书法真迹（图 7.8.4、图 7.8.5）。

图 7.8.2 李叔同纪念馆远景

图 7.8.3 李叔同纪念馆内厅

图 7.8.4 李叔同纪念馆入口

图 7.8.5 李叔同纪念馆近景

## 7.8.2 鲁迅纪念馆

鲁迅纪念馆位于鲁迅故里东侧，东接鲁迅祖居，西邻周家新台门，北毗朱家台门，南临东昌坊口，与寿家台门隔河相望。它以“老房子、新空间”的设计理念，使其与该地区传统街巷肌理保持统一。纪念馆外部为绍兴台门建筑形式，主入口采用绍兴传统竹丝台门（图 7.8.6、图 7.8.7）。

图 7.8.6　鲁迅纪念馆入口

图 7.8.7　鲁迅纪念馆庭院

纪念馆环境幽雅，广场及各出入口室外地面均采用绍兴传统的青石板地面。其中，展厅和鲁迅祖居毗连的绿化巷，栽竹叠石，花木扶疏，更是绍兴的典型传统天井庭园。还有一条水景系列，从序厅西侧开始逶迤北上，在馆址西北方形成开阔水面，加以填土移木，积石理水，配置绍兴特有的廊桥、乌篷船舫等建筑小品，营造出一派江南水乡的意境。陈列厅庭园植物以文化含义深厚的樟、松、兰、梅为主，同时遵照鲁迅《朝花夕拾》中记载，选栽枣树、皂荚树、桑葚、木莲藤及覆盆子等物种，再现了鲁迅当年的环境氛围（图 7.8.8、图 7.8.9）。

图 7.8.8　鲁迅纪念馆内厅

图 7.8.9　鲁迅纪念馆

## 7.9　崔恺

微课视频

崔恺

崔恺，建筑学家，中国工程院院士，1984 年毕业于天津大学建筑系，当代著名建筑师。

崔凯的建筑观：“建筑之于我是一种审美，图形之美、空间之美、造型之美、技术之美、材料之美，沉醉其中；建筑之于我是一种文化，史学之远、哲学之深、文学之妙、及至生活万象，涵括其中；建筑之于我是一种交流，管理者、投资者、建造者、使用者汇集一处，共识共勉，成就其中；建筑之于我是一种使命，职业道义、社会责任、企业形象、人之品格，尽显其中；建筑之于我是一种旅程，长路漫漫、始于足下、脚踏实地、潜心求索，乐在其中。”崔恺遵循“适用、经济、美观”的方针，在借鉴国际建筑思潮的同时重视对地域文化的传承和创新，努力探索有中国本土特色的建筑设计创作之路，主张“立足本土”的设计观念（图 7.9.1）。

代表作品有北京外语教学与研究出版社办公楼、北京数字出版信息中心、北京外国语大学逸夫教学楼、水关长城 3 号别墅、拉萨火车站、中华人民共和国驻南非大使馆、河南安阳殷墟博物馆等。

图 7.9.1 崔恺

## 7.9.1 北京外语教学与研究出版社办公楼

外语教学与研究出版社办公楼是一座集办公、商务、接待于一体的综合性建筑。在建筑设计上，建筑师考虑用建筑造型与空间语言来处理与特定城市环境的关系，并着重采用东西方文化的双重建筑语言来表现外研社在中西方文化交流中的地位与功能特点（图 7.9.2、图 7.9.3）。

图 7.9.2 外研社

图 7.9.3 建筑细节

二期建筑在保留原有结构的限制中创造了新的空间形态，设计中对建筑的景观价值与人文价值的考虑并重，在建筑语汇上与一期协调一致，并在建筑的外饰面和内装修上做了进一步的推敲，使二者成为一个既和谐统一又互有特色的完整的建筑艺术作品。

## 7.9.2 北京数字出版信息中心

北京数字出版信息中心将高度和总面积双重约束，转化为连续变化的流线型建筑轮廓。流畅的建筑形态与相邻中海油大厦形成呼应关系，成为既有环境的嵌入者。业务用房以小开间办公室为主，通过建筑流动表层生成各不相同的起伏形态。流动的建筑形态与信息中心的抽象运作有联想关系，其表面的金属材质组合强化这一意象。外装修的材料与色彩介于现代与传统之间。考虑到与西侧文物保护建筑五爷府的历史、人文及景观价值的适应性，该建筑的屋面选用灰绿色的钛锌板（图 7.9.4 ~ 图 7.9.6）。

图 7.9.4　北京数字出版信息中心

图 7.9.5　北京数字出版信息中心内部

图 7.9.6　北京数字出版信息中心细节图

## 7.9.3　水关长城 3 号别墅

3 号别墅位于八达岭南侧的水关长城。当年受开发商之邀，12 位亚洲新锐建筑师在一片乱石与山林构成的土地上，展示着各自的才华与智慧，其中崔凯在此留下了 3 号别墅（图 7.9.7、图 7.9.8）。

图 7.9.7　水关长城 3 号别墅外景

图 7.9.8　水关长城 3 号别墅室内

## 7.9.4　拉萨火车站

位于拉萨市堆龙德庆县柳梧乡境内的拉萨火车站是青藏铁路沿线最大的车站，也是青藏铁路的标志性工程之一。

火车站建筑以红、白、黄三色为主要色调，采用了窄窗、主体倾斜的布达拉宫式建筑式样，架空的穹顶上面用汉文和藏文书写着“拉萨站”金色大字，建筑主体五层，向东西两侧展开两翼，绵延百米，背山面水，甚是壮观（图 7.9.9 ~ 图 7.9.11）。

图 7.9.9　拉萨火车站

图 7.9.10　拉萨火车站站牌

图 7.9.11　拉萨火车站入口

## 7.9.5 中华人民共和国驻南非大使馆

中华人民共和国驻南非大使馆的设计采用了中国传统式内院形式，院中“对景”“借景”“曲水流殇”、木制格栅的半遮半掩等这些中国园林造园手法的运用让人意会到中国元素的亲切。

建筑屋顶的形式很特别，外表看似犹如“硬山”，但实际是“改良”的四坡屋顶，两侧框架的暴露让人体会到新意。它虽是传统建筑的衍生物，人们却能通过屋顶的演变捕捉到时代的影子（图 7.9.12、图 7.9.13）。

图 7.9.12 中华人民共和国驻南非大使馆（一）

图 7.9.13 中华人民共和国驻南非大使馆（二）

此外，屋顶利用别具一格的朴素片石装饰塑造出具有韵味的线条和空间的深邃（图 7.9.14、图 7.9.15）。

图 7.9.14 中华人民共和国驻南非大使馆（三）

图 7.9.15 中华人民共和国驻南非大使馆俯视

# 7.10 王澍

图 7.10.1 王澍

微课视频

王澍

王澍，著名建筑学家、建筑设计师，当代新人文建筑的代表性学者，中国新建筑运动中最具国际学术影响的领军人物（图 7.10.1）。

2012 年 2 月 27 日，王澍获得了普利兹克建筑奖，成为获得该奖项的第一个中国人。代表作品有苏州大学文正学院图书馆、宁波美术馆、中国美术学院象山校区、临安博物馆等。

## 7.10.1 苏州大学文正学院图书馆

如何让人生活在处于“山”和“水”之间的建筑中，以及苏州园林的造园思想是他设计这座图书馆的沉思背景。基地北面靠山，山上全部为竹林，南面临水，是一座由废砖厂变成的湖泊，全为坡地，南低北高，高差 4m。南北向进深浅，东西向以水为界，曲折狭长（图 7.10.2、图 7.10.3）。

图 7.10.2 苏州大学文正学院图书馆（一）

图 7.10.3 苏州大学文正学院图书馆（二）

按照造园传统，建筑在“山水”之间最不应突出，这座图书馆将近一半的体积处理成半地下，从北面看，3 层的建筑只有 2 层。矩形主体建筑既是飘在水上的，也是沿南北方向穿越的，这个方向正是炎热夏季的主导风向。值得强调的是，沿着这条穿越路线，由山走到水，4 个散落的小房子和主体建筑相比，尺度悬殊，但在这里，可以相互转化的尺度是中国传统造园术的精髓。而从一个文人的角度来看，那些小房子也许更为重要，例如，水中那座亭子般的房子，图书馆的“诗歌与哲学”阅览室，便是一个中国文人看待所处世界的“观点”，一个人与自然生态相互平衡的位置（图 7.10.4、图 7.10.5）。

图 7.10.4 图书馆与周围环境

图 7.10.5 苏州大学文正学院图书馆内部

## 7.10.2 宁波美术馆

宁波美术馆由主楼、上台广场、咖啡馆、地下车库、码头等部分组成，占地面积 15800m$^2$，建筑面积 23100 多平方米（图 7.10.6、图 7.10.7）。美术馆主楼建筑面积为 16200m$^2$，大小展厅建筑面积达 5300m$^2$（图 7.10.8、图 7.10.9）。

图 7.10.6　宁波美术馆（一）

图 7.10.7　宁波美术馆（二）

图 7.10.8　美术馆廊道透视

图 7.10.9　宁波美术馆局部

艺术品收藏库1500多平方米，可同时或分别举办不同类型、不同题材的展览（图7.10.10、图7.10.11）。

图 7.10.10　宁波美术馆俯视

图 7.10.11　宁波美术馆近景

## 7.10.3 中国美术学院象山校区

中国美术学院象山校区位于转塘镇，周围是青山绿水。总体布置从地势和环境的特点出发，遵循简洁、高效的原则，分区明确，充分考虑未来发展的可变性、整体性（图 7.10.12、图 7.10.13）。

图 7.10.12 中国美术学院象山校区

图 7.10.13 中国美术学院象山校区建筑细部（一）

整个校园建筑的结构形式选用最常见的钢筋混凝土框架与局部钢结构加砖砌填充墙体系，建筑师利用这种体系，大量使用回收旧砖瓦，并充分利用这里的手工建造方式，将这一地区特有的多种尺寸旧砖的混合砌筑传统和现代建造工艺结合，形成一种有效隔热的厚墙体系。选用一种环保的中空混凝土现浇厚板屋顶，和回收旧砖瓦的上人屋面做法结合，形成一种有效隔热的屋顶体系，这种厚墙与厚板的结合，在这个夏季炎热冬季阴冷的地区能有效减少空调的使用（图 7.10.14、图 7.10.15）。

图 7.10.14 中国美术学院象山校区建筑细部（二）

图 7.10.15 中国美术学院象山校区周边环境

## 7.10.4 临安博物馆

王澍从临安地域极具代表性的钱王砖石遗址中吸取灵感，将建筑体量纵横搭砌，形成了地下宫殿一隅被发掘出来的意象，隐喻了掩埋于山下的博大悠远的吴越文化历史，给人以神秘和向往的无穷想象（图 7.10.16 ~ 图 7.10.18）。

图 7.10.16　临安博物馆俯视

图 7.10.17　临安博物馆建筑细部（一）

图 7.10.18　临安博物馆建筑细部（二）

在巍巍山脚的博物馆建筑，以其坚实雕塑般的建筑体块组合寻求与自然山体的谐调与平衡，形成山脉的有机延续，建筑像探求吴越文明地下宝库的入口，引发人们对吴越历史文化的追寻（图 7.10.19、图 7.10.20）。

图 7.10.19　临安博物馆馆内

图 7.10.20　临安博物馆庭院

# 附录　世界十大超高层建筑

截至 2020 年 7 月，世界上最高的十幢建筑物如下：

| | |
|---|---|
| 第一名：哈利法塔 | 828m |
| 第二名：上海中心大厦 | 632m |
| 第三名：皇家钟塔酒店 | 601m |
| 第四名：天津高银 117 大厦 | 597m |
| 第五名：平安国际金融中心 | 592.5m |
| 第六名：韩国首尔乐天超级大厦 | 554.5m |
| 第七名：纽约世贸中心一号楼 | 541.3m |
| 第八名：广州东塔 | 530m |
| 第九名：天津周大福金融中心 | 530m |
| 第十名：北京中信大厦 | 528m |

1. 哈利法塔

哈利法塔，原名“迪拜塔”，总高 828m，160 层。2004 年 9 月 21 日开工建设，2010 年 1 月 4 日竣工。由美国 SOM 建筑设计公司设计，韩国三星物产建设部门负责营建，比利时 BESIX 负责施工，迪拜当地的 ARABTEC 公司负责供应建材和人力。参与建设哈利法塔的技术人员和工人多达 5000 余人，分别来自中国、印度和巴基斯坦等 17 个国家（附图 1 ~ 附图 3）。

（1）建筑特色。哈利法塔的基座周围采用了富有伊斯兰建筑风格的几何图形——六瓣的沙漠之花。楼面为 Y 形，由三部分建筑逐渐连贯成一个核心体，采用上螺旋的模式直至大楼顶端，然后转化成尖塔状。

（2）结构体系。大楼采用了一种具有挑战性的单式结构，由连为一体的管状多塔组成，具有太空时代风格的外形。哈利法塔不但高度惊人，连建筑物料和设备也“分量十足”。该建筑共使用 33 万 $m^3$ 混凝土、3.9 万 t 钢材及 14.2 万 $m^2$ 玻璃。大厦配备了先进的运输设备，内设 56 部电梯，速度最高达 17.4m/s，是目前世界上最快的电梯。

附图 1　哈利法塔仰视角度（一）

附图 2　哈利法塔仰视角度（二）

附图 3　哈利法塔远景

2. 上海中心大厦

上海中心大厦，是上海市的一座超高层地标式摩天大楼，作为一幢综合性超高层建筑，以办公为主，其他业态有会展、酒店、观光娱乐、商业等。上海中心大厦面积为 433954m$^2$，建筑主体为 118 层，总高为 632m，结构高度为 580m（附图 4 ~ 附图 7）。

附图 4　上海中心大厦仰视

附图 5　上海中心大厦夜景（一）

附图 6　环球金融中心、金茂大厦、上海中心大厦

附图 7　上海中心大厦夜景（二）

（1）建筑特点。大厦最初由美国 Gensler 建筑设计事务所的“龙形”方案及英国福斯特建筑事务所“尖顶型”方案入围。上海中心大厦的建筑外观呈螺旋式上升，建筑表面的开口由底部旋转贯穿至顶部，与金茂大厦经典隽永的塔形和环球金融中心简洁明快的立体造型形成鲜明对比。从天空向下俯瞰，大厦非对称的顶部呈卷折状造型，与金茂大厦的点状和环球金融中心的线状顶部遥相辉映，进一步丰富了上海的城市天际线。

（2）结构体系。上海中心大厦依靠三个相互连接的系统保持直立。第一个系统由钢筋混凝土芯柱

（27m×27m）提供垂直支撑力。第二个是由钢材料“超级柱”构成的一个环，围绕钢筋混凝土芯柱，通过钢承力支架与之相连，这些钢柱负责支撑大楼，抵御侧力。第三个则是每 14 层采用一个 2 层高的带状桁架，环抱整座大楼，每一个桁架带标志着一个新区域的开始。

3. 皇家钟塔酒店

皇家钟塔酒店是一栋位于沙特阿拉伯王国的伊斯兰教圣城麦加的复合型建筑，建筑高度 601m，共 95 层。这栋建筑于 2012 年完工，完工后坐拥许多头衔，如世界最高的饭店、世界最高的钟塔、世界最大钟面、世界最大的楼板面积（附图 8 ~ 附图 11）。

附图 8　皇家钟塔酒店

附图 9　落日下的皇家钟塔酒店

附图 10　皇家钟塔酒店远视

附图 11　皇家钟塔酒店下的朝拜景象

皇家钟塔酒店拥有世界上最大的钟塔。皇家钟塔呈长方体，四面都有表盘显示时间，每一面均镶嵌 9800 万块玻璃砖，并刻有阿拉伯语“伟大的安拉”的字样。每个表盘的直径达 40m，已经成为沙特耸入云霄地标性建筑，在 25km 外也能看见。钟塔顶端还有一轮包金的穆斯林弯月。

皇家钟塔由德国和瑞士的工程师共同设计，整个工程耗资约 8 亿美元。报道称，建造该钟塔的主要目的是为了校对朝圣标准时间。

此前，世界上著名的钟塔是位于英国首都伦敦的“大本钟”，但皇家钟塔是“大本钟”的 5 倍大。皇家钟塔投入使用后，沙特希望未来该钟塔显示的时间能够取代目前的格林尼治标准时间，成为全世界的时间标准。

4. 天津高银 117 大厦

天津高银 117 大厦，又称高银金融 117 大厦，是一幢集甲级办公、酒店、旅游观光、精品商业于一体的特大型超高层摩天大楼，因 117 层而得名，位于天津市西青区高新技术产业园区（附图 12 ~ 附图 14）。

附图 12　天津高银 117 大厦仰视

附图 13　天津高银 117 大厦

附图 14　天津高银 117 大厦夜景

（1）建筑特色。该大厦的建筑设计融合了中国传统文化与现代美学，方案设计运用了《易经》的智慧，采用负阴抱阳的设计理念。

该大厦外形方正，取四平八稳之意，四个立面略带弧度，美观大方。在设计上，大厦建筑外立面应用极简主义美学理念，整个建筑高耸云霄，犹如太阳冉冉升起。中西方文化的碰撞，激发出“无限生机”的设计灵感，寓意大厦的蓬勃发展以及对未来的美好希望。

（2）结构体系。在设计方面，为满足结构受力安全要求，大厦 120m 的长桩是国内房建领域最长桩基。为提高整体结构承载力，大厦使用防屈曲支撑，单根重量 210t，为国内超高层领域防屈曲钢之最；大厦建筑面积达 84.7 万 $m^2$，为摩天大楼建筑面积世界之最；为提高工程超大体积混凝土施工能力，大厦项目一次性浇筑完成 6.5 万 $m^3$ 大底板混凝土，创民用超高层建筑最大体积底板混凝土世界之最。

5. 平安国际金融中心

平安国际金融中心高 592.5 m，是深圳市已建和在建的最高楼宇，是中国平安的总部大楼，也是深圳金融业发展和城市建设的里程碑。该项目是由 KPF 建筑事务所与平安保险公司一起合作设计的一座超级高的摩天大楼，是深圳市福田中央商务区的一座标志性中心建筑（附图 15 ~ 附图 18）。

附图 15　平安国际金融中心仰视

附图 16　黄昏下的平安国际金融中心

附图 17　平安国际金融中心大堂

附图 18　平安国际金融中心远景

该建筑由 8 根带有对角支撑的石柱作为立柱，保持了底层的稳定性。整个塔呈圆柱形到一定高度后聚拢，这样可以把地球的张力调节到空中的一个点。整个大楼的外墙采用了玻璃幕墙和石材装饰。裙楼包括了一个中庭，这里宽敞明亮，阳光充沛，作为公共空间可以用来开会、购物和用餐。五层楼高的零售商店与大厦分离开来，形成了一个巨大的、好似圆形剧场的空间。为了抵御当地的气候影响，该建筑采用的锥形外观使风力负荷减少了 40%，它的不锈钢支墩形成了一道防雷击的防护网（附图 19、附图 20）。

附图 19　平安国际金融中心顶部

附图 20 平安国际金融中心俯视

6. 韩国首尔乐天超级大厦

这是一座高达 554.5m 的摩天大楼，位于韩国首尔特别市的乐天世界附近，超越朝鲜柳京饭店（330m），是朝鲜半岛第一高楼。大楼由科恩·彼得森·福克斯（KohnPederson Fox）建筑事务所设计，乐天集团的子公司乐天建筑负责承建，该大楼是乐天集团新的总部。目前，这座大楼已被命名为“乐天超级塔 123”（高度约为 555m，123 层，锥形，玻璃外立面）。整座大楼采用复合式设计，而且大楼内会提供商店、公寓、办公场所和酒店等服务项目。韩国乐天世界大厦属于筒体结构类型，超高层建筑目前多以内核心筒外玻璃幕墙最为流行，具有外观现代感明显，施工速度快等优点（附图 21 ~附图 25）。

附图 21 乐天超级大厦

附图 22　乐天超级大厦远景（一）

附图 23　乐天超级大厦远景（二）

附图 24　乐天超级大厦远景（三）

附图 25　乐天超级大厦大堂

7. 纽约世贸中心一号楼

世界贸易中心一号楼，原称为“自由塔”（Freedom Tower），是兴建中的美国纽约新世界贸易中心的摩天大楼，坐落于“九一一”袭击事件中倒塌的原世界贸易中心的旧址。高 541.3m，即为 1776 英尺，1776 英尺为独立宣言发布年份。该大楼地上 82 层（不含天线），地下 4 层，占地面积 241540$m^2$。设计师为波兰籍设计师利贝斯金德。

该建筑的办公楼层从地上约 58m 的高度开始，在 4 层的主大厅上开始建造。塔楼的四角逐步被削掉，从办公楼层的第一层开始逐渐向内倾斜直到屋顶，此时楼板单边长度约为 44m，与底部的四边形旋转了 45° 。立面形成了 8 个拉长的等腰三角形，组成棱柱外形。在塔楼中部，平面变成了等边八角形（附图 26 ~ 附图 29）。

附图 26　世贸中心一号楼

附图 27　夕阳下世贸中心一号楼

附图 28　世贸中心一号楼近景

附图 29　世贸中心一号楼远景

8. 广州东塔

广州东塔，位于广东省广州市珠江新城区。其建筑总高度为 530m，建筑总层数 116 层。其主要用途包括写字楼、酒店、公寓等（附图 30 ~ 附图 32）。

（1）建筑特色。建筑的玻璃幕墙采用白色陶土板挂件，可以采光；结构上首次采取超高强绿色混凝土，减轻东塔自重的同时还增加了使用面积。

顶部采取“之”字形退台设计，形成 3 个露天观景平台：底部的办公区顶部平台在 66 层朝西，可以看夕阳西落；中部的国际公寓区顶部平台在 91 层朝东，可以看日出东方；对景观要求最高的五星级酒店平台在 107 层，平台完全开敞，可朝东、南、西三个方向远望，既可看日出日落，又可欣赏珠江。

（2）结构体系。结构形式采用巨型框架 - 筒体结构，由钢筋混凝土核心筒（内含双层钢板剪力墙）、8 根巨型柱与 6 道环桁架组成的巨型框架、4 道伸臂桁架组成。核心筒内部采用钢板剪力墙劲性结构，16 层以下采用双层钢板剪力墙，17 ~ 32 层采用单层钢板剪力墙。钢板剪力墙最大截面最长为 14.15m，最宽为 1m，最大板厚 40mm，材质为 Q345B，单件最重 70t，总重 1.2 万 t。

附图 30　广州东塔仰视

附图 31 广州东塔正视图

附图 32 广州东塔俯视图

9. 天津周大福金融中心

天津周大福金融中心是滨海新区新地标性建筑，2014 年 10 月 25 日天津周大福金融中心塔楼底板大体积混凝土开始浇筑。周大福金融中心主楼高达 530m，2018 年竣工后成为世界第九高楼，也是天津滨海新区主体建筑群中的核心标志（附图 33、附图 34）。

附图 33 天津周大福金融中心远景

附图 34 天津周大福金融中心仰视

天津周大福金融中心地上有 100 层，建筑高度达 530m。整个项目用钢量超 7 万 t，高空组对焊缝约 37.6 万 m，大约相当于 42.5 个珠穆朗玛峰高度，使用焊丝可绕地球 40 圈。同时，大楼使用钢构件数量达 42000 件，50% 以上为非标构件。

该建筑塔楼采用带陡斜撑和环带桁架的钢管（型钢）混凝土框架 - 核心筒结构体系，存在超高、局部楼板不连续、竖向不规则等超限情况。

10. 北京中信大厦

北京中信大厦，又名“中国尊”，是中国中信集团总部大楼，中国当代十大建筑之一，位于北京中央商务区（CBD）核心区。大厦东至金和东路，南邻规划中的绿地，西至金和路，北至光华路（附图 35 ~ 附图 37）。

（1）建筑特色。该建筑构思源于中国传统礼器之重宝——“尊”的意象。建筑高耸直入云端，表现出顶天立地之势。其外形自下而上自然缩小，形成稳重大气的形象，同时顶部逐渐放大，享受独在云端的无限风光，最终形成中部略微收缩的双曲线建筑造型，使这一建筑即便林立于 CBD 核心区的摩天楼群中也能明显体现出庄重的东方神韵。

（2）结构体系。这座由中国建筑师设计的摩天大楼与典型的直线或尖锥形式的超高层建筑不同，呈现出中部内凹的轮廓，提供了更多有价值的主体使用空间。塔楼硕大的顶部为结构带来了严峻的挑战，更大的基座使得结构能够平衡，也使核心筒到建筑外围的距离更大。本工程主要的结构体系由外框筒和核心筒组成，其中外框筒由巨型柱、巨型斜撑、转换桁架以及次框架组成。

附图 35　北京中信大厦正视图

附图 36　北京中信大厦正远景图

附图 37　北京中信大厦俯视图

# 参考文献


[1] 曼弗雷多·塔夫里 弗朗切斯科·达尔科.现代建筑[M].刘先觉，译.北京：中国建筑工业出版社，2000.

[2] 乔纳森·格兰西.建筑的故事[M].罗德胤，张澜，译.北京：生活·读书·新知三联书店，2009.

[3] 北京市规划委员会，北京城市规划学会.北京十大建筑设计[M].天津：天津大学出版社，2002.

[4] 陈文捷.世界建筑艺术史[M].长沙：湖南美术出版社，2004.

[5] 何镜堂.当代中国建筑师——何镜堂[M].北京：中国建筑工业出版社，2000.

[6] 何人可.工业设计史[M].3版.北京：高等教育出版社，2006.

[7] 赖德霖.中国近代建筑史研究[M].北京：清华大学出版社，2007.

[8] 赖德霖.近代哲匠录——中国近代重要建筑师、建筑事务所名录[M].北京：中国水利水电出版社，2006.

[9] 李砚祖.造物之美[M].北京：中国人民大学出版社，2003.

[10] 梁旻，胡筱蕾.外国建筑简史[M].上海：上海人民美术出版社，2007.

[11] 罗小未，蔡婉英.外国建筑历史图说[M].上海：同济大学出版社，1986.

[12] 潘谷西.中国建筑史[M].5版.北京：中国建筑工业出版社，2008.

[13] 齐康.建筑创作与表现——建筑思迹[M].哈尔滨：黑龙江科学技术出版社，2004.

[14] 齐康.齐康建筑设计作品系列——日月同辉[M].辽宁：辽宁科学技术出版社，1998.

[15] 陈志华.外国建筑史（19世纪末叶以前）.北京：中国建筑工业出版社，2004.

[16] 罗小未.外国近现代建筑史[M].2版.北京：中国建筑工业出版社，2004.

[17] 王其钧.专家带你看建筑——美洲著名建筑[M].北京：机械工业出版社，2007.

[18] 王受之.世界现代建筑史[M].北京：中国建筑工业出版社，2005.

[19] 吴焕加.20世纪西方建筑史[M].郑州：河南科学技术出版社，1998.

[20] 杨秉德，蔡盟 . 中国近代建筑史话 [M]. 北京：机械工业出版社，2004.

[21] 张雷，丁沃沃 .1927—1997 青年建筑师作品选集 [M]. 北京：中国建筑工业出版社，1997.

[22] 张欣荣 . 建筑装饰简史 [M]. 北京：中国建筑工业出版社，2000.

[23] 茹竞华，彭华亮 . 中国古建筑大系 [M]. 北京：中国建筑工业出版社，1992.

[24] 茹竞华，彭华亮 . 中国古建筑大系 [M]. 北京：中国建筑工业出版社，2003.

[25] 茹竞华，彭华亮 . 中国古建筑大系 . 帝王陵寝建筑 [M]. 北京：中国建筑工业出版社，1993.

[26] 茹竞华，彭华亮 . 中国古建筑大系 . 皇家苑囿建筑 [M]. 北京：中国建筑工业出版社，1993.

[27] 茹竞华，彭华亮 . 中国古建筑大系 . 文人园林建筑 [M]. 北京：中国建筑工业出版社，1993.